今すぐ使える!

Google for Education

授業・校務で使える活用のコツと実践ガイド

イーディーエル株式会社［著］

技術評論社

【補足】（2021年5月）

従来の G Suite for Education は「Google Workspace for Education」に名称が変わり、ロゴも変更されました。
本書では旧名称のまま掲載しておりますが、新名称に読み替えてご覧ください。
また、名称変更とともに、各サービスのアイコンも変更されました。
本書掲載のアイコンは、本書刊行時（2020年9月）のものです。あらかじめご了承ください。

注意　購入・ご利用の前に必ずお読みください

- 本書に記載された内容は、情報の提供のみを目的としています。したがって、本書を用いた運用は、必ずお客様自身の責任と判断によって行ってください。これらの情報の運用の結果について、技術評論社および著者はいかなる責任も負いません。

- Google が提供するサービスやアプリの操作に関する記述は、2020年9月現在での最新情報をもとにしています。サービスやアプリはアップデートされる場合があり、ご利用時には本書での説明とは機能や操作方法、画面図などが異なってしまうこともあり得ます。あらかじめご了承ください。

- 本書は、インターネットに接続でき、Google Chome™ がインストールされているPCやタブレット、スマートフォン、Chromebook™ での使用を想定して解説していますが、お使いの機種やアップデートの状況によっては、操作や画面図に違いのある場合もございます。

- インターネットの情報についてはURLや画面等が変更されている可能性があります。ご注意ください。

以上の注意事項をご了承いただいた上で、本書をご利用願います。これらの注意事項をお読みいただかずにお問い合わせいただいても、技術評論社および著者は対処しかねます。あらかじめご承知おきください。

はじめに

始まりは、2019年12月13日に閣議決定された令和元年度補正予算案。

そこで盛り込まれたのが、児童生徒向けの1人1台端末と、高速大容量の通信ネットワークを一体的に整備するための経費、「**GIGAスクール構想**」です。

そして、新型コロナウイルス対策による全世界的な休校という事態もあって、文部科学省は、令和2年度補正予算案において、今後数年にわたって実現する計画の前倒しを検討。令和2年度内に実現することを目指し、4,269億円という予算が投入されることが、2020年4月30日に決定されたのです。

GIGAスクール構想の「GIGA（ギガ）」とは通信速度で使われている“ギガビット”ではなく、「Global and Innovation Gateway for All」の略。これは、「すべての人にグローバルで革新的な入り口を」という意味であり、「**誰一人取り残すことなく子供たち一人ひとりに個別最適化され、創造性を育む教育ICT環境の実現**」を目指す施策であるとされています。

しかし、私たちが研修で教育現場に伺って感じるのは、実際の学校現場においては、まだまだこの指針をきちんと理解、共有できているとはいえない、ということです。

なぜ1人1台端末が必要なのか？
具体的に1人1台端末でICTを活用した授業とはどんなものなのか？
これから、学校は、教師は、何を変えていく必要があるんだろうか？
先生の頭の中は、こうした「はてなマーク」でいっぱいという状態ではないでしょうか。

GIGAスクール構想は、これからの学校が向かうべき未来の姿であり、**すでに世界中の学校が、この方向を向いて改革を力強く進めています。**

今、いくつかの選択肢があるなか、Googleが教育機関に提供するGoogle for Education™の存在についても、「よくわからない」「セキュリティは大丈夫なのか？」「Windowsとの違いは？」などなど、情報が少なく困っている先生が多いようです。

そこで、本書は、全章を通じて、

「なぜ今、1人1台必要なのか？ 今の授業でもいいんじゃないの？」

「管理・運営するのにどのくらいの手間と時間、知識が必要なの？」

「教育ICTで、授業や校務の何が、どう変わるのか？」

という3つの疑問への答えを丁寧かつ具体的に解き明かしていきます。

まず、ビフォー・アフターがくっきりとイメージできるように「現在のお悩み、お困りごと」をズバリ、Google for Education が「実際にどう解決するのか」という具体例をお見せします。
続いて、そのイメージをあなたご自身が実現できるように「準備」、「実際の授業や校務」、そして、「授業後の振り返り」など、一連の流れや場面ごとに解説していきます。

本書で具体的に解説できるのは、**100の方法があったとしても、せいぜい3つ。**
しかし **その3つがわかれば、本質がわかり、すぐに実行に移せます！**

序章では、Google for Education とはなにか、という全体像について解説したあと、
第1章で、教室での授業をICTを使い「主体的・対話的で深い学び」へ変えるための提案を、
第2章では、にわかに必須となったオンライン学習をどう成功させるかという提案を、そして、
第3章では、時代の節目だからこそ必要な、教職員同士の「主体的で対話的な」コミュニケーションを支える方法について提案します。
続いて、
第4章では、Google for Education の導入と管理のために知っておくべきことを、
最後に、
第5章では、「よくある質問」に回答しながら、各種アプリについて解説していきます。

実は……、**Google for Education は“勉強する”ものではありません。**
実際に使ってみて、自分で「こう使えばよいのか！」と発見し、習得するものなのです。
そして、使い方を覚えようとする努力も不要です。忘れたら、ググればいいのです。

ぜひ、あなたも失敗を恐れず主体的に取り組み、その気づきを先生方同士で対話し、テクノロジーがもたらす新たな、そして劇的な生産性を存分にご体験なさってみてください。

Google for Education へようこそ！　私たち、EDLは全力で教育現場を応援します！

2020年9月
著者を代表して
イーディーエル株式会社（EDL）平塚 知真子

Contents

第5章 活用のポイント 167

序章

Google for Education とは

Google for Education

世界中の教育現場が選ぶ、
新しいツール Google Classroom™

新型コロナウイルス感染拡大防止対策による臨時休校がきっかけとなり、日本でも急遽オンライン授業などの必要性に注目が集まり始めました。あなたの周りでは、どんな状況でしたか？

授業で子どもたちと会い、子どもたちの表情を見て、質問をしながら授業を進めていく。そんな日常がある日突然、“命を守るため”に「禁止」されてしまったのです。
おとなも子どもも、今までの「常識」がひっくり返った瞬間でした。
「学びを止めるな」と大量の宿題プリントを、教師が家庭に手配りしたり、保護者に学校まで取りにきてもらったりした学校も少なくなかったようです。一方で、今こそICTを活用して授業を届けようと、慣れない動画撮影に果敢にチャレンジされた先生もいらっしゃったことでしょう。

実際、**この前代未聞の事態は、日本だけでなく、世界中で起きていました。**
そして、この大混乱を乗り切るツールとして、多くの学校で選ばれていたのが**Google Classroom**（グーグル クラスルーム。以下、Classroom）です。
2020年3月初め、Classroom はすでに世界中で約5,000万人の教師と児童生徒が使っていました。それが、コロナ禍の影響でユーザー数がみるみるうちに増え、3月の終わりにはなんと1億人に到達。たった1ヶ月で利用者数が倍増したのです。
世界中で1億人以上が使っている教育向けアプリ。一体、どんなものなんでしょうか？

Classroom を利用すれば、わざわざ「紙に印刷して手渡す」必要がなくなります。**いつでもどこでも、保護者や児童生徒にプリントを一斉配付できますし、回収もできます。**
Classroom は Google が**教師と児童生徒のために開発したアプリ**であるため、**「教育現場に必要不可欠な、双方向でのコミュニケーション機能」が充実**しています。
たとえば、**プリントの一斉配付だけでなく、個々人や特定のグループへの配付、そしてメッセージの一斉送信、個別送信がクリックひとつ**ででき、しかも**双方向でのやり取りが可能**です。
Chrome™ブラウザが利用できるPCであれば、OSに関係なく使え、スマホでもタブレットでも使えます。いわゆるデバイスフリーで、使い方もとてもシンプルです。

また Classroom は、「採点と集計が自動化した小テスト」を手軽に自作できる Google フォーム™ など、**他のアプリと連携させて使うことで、生産性を劇的に向上する**ことができます。
他にも、教育現場で使える Google のアプリ群は、なんと20種類以上！ **組み合わせ次第で授業や校務の負担の一部分を、劇的に減らすことができる**のです。

これらの便利なアプリ群はひと揃えにして、**G Suite for Education™**（ジースイート フォー　エデュケーション）と呼ばれています。スイートは、「一式」という意味の英語です。

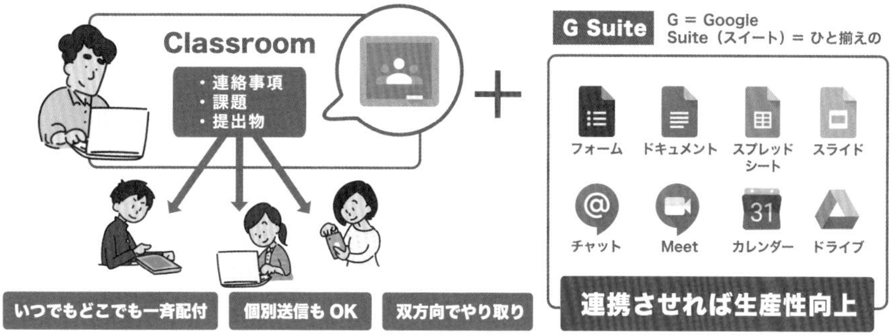

▲Classroom と Google のアプリで生産性が劇的に向上

教育現場のお悩みを解決する Google for Education

実は、コロナウイルスによる休校という非常事態が起きるずっと前から、これまで長らく教育 ICT 活用の必要性は声高に叫ばれ続けてきました。

そもそも、教育 ICT の活用は「主体的・対話的で深い学び」に代表される**「新しい時代に必要な新しい学び」を実現するために必要不可欠な取り組み**といえます。

なぜなら、**ICT という手段なくして、「個別最適化した学び」は成立し得ないから**です。

一人の教師が、30 人の児童生徒の話を一人ずつ聞いたり、対応したりする時間はありませんよね。また、それぞれの対応を記憶しておけるでしょうか？

それが、ICT を活用することで、“誰にでも”当たり前にできるようになります。

しかし現実には、学校現場の ICT 整備は一向に進まず、たとえ機器やツールが導入されていたとしても、活用が思うように広がらないという課題を抱える教育機関が多数派でした。

いったいなにが原因だったのでしょうか？

それは、次の 3 つの「ない」が、「新しい学び」のスタートを 10 年以上も遅らせてきたのです。

1. **予算が、ない**
2. **時間が、ない**
3. **活用イメージが、ない**

正直言って、コロナショック後の今も、この状況は変わっていないのではないでしょうか？

しかしながら、もしも、**この3つの「ない」をすべてスッキリと解決する方法がある**としたら、どうでしょう。

- **「無料」**もしくは、コストパフォーマンス抜群と感じられる「低料金」で、
- 端末管理や校務にかかる**「時間と手間」が従来より大幅に激減し、**さらに、
- **「主体的・対話的で深い学び」を実現するICTを活用した授業**がたちまち実践できる。

これが、**Google for Education** です。

Google for Education とは、**「Google の教育現場向けサービス」を総称**した名称です。

具体的には、

- **学習用端末**　**Chromebook™**
- **学習ツール**　**G Suite for Education**

で構成されています。

端末を管理するのが「Chrome Education Upgrade」と呼ばれる管理コンソール。そして、学習ツールのなかでも最も教育現場で有名なのが Google Classroom になります。

▼ Google for Education は、以下の要素で構成されている

まずは、学習用端末としてのChromebookについてみていきましょう。

なぜ Chromebook ?
新しい時代の学びに求められる端末選定のポイント

児童生徒に「1人1台端末」を整備するための予算が、GIGAスクール構想で計上されました。そのため現場では、にわかに「どの端末を選ぶべきか」という議論が始まっています。

しかし、**そもそも、なぜ学習に「1人1台の端末」が必要なのでしょうか？**

その理由を、イメージしやすい「スマホ」を例にして考えてみましょう。

参照
6割を超える個人が所有
出典：総務省「通信利用動向調査」（令和2年5月29日 報道発表）
http://www.soumu.go.jp/johotsusintokei/statistics/statistics05.html

あなたの携帯電話は、スマホですか？ それともガラケーですか？

本体も月額利用料もとても高額なスマホ。にもかかわらず、今や6割を超える個人が所有しており、1人1台がもう当たり前になっています。2台、3台と持つ人もめずらしくなくなりました。

なぜ、みんなスマホを1人1台、持っているのでしょうか？

その理由は、スマホが単なる"電話機"ではなく、「**情報端末**」だからです。

電話をする・音楽を聞く・調べ物をする・予定を確認する・連絡をとる・メールを見る・ゲームをする・本を読む・映画を観る・体調を管理する・オンライン会議をする・資料を作成する等々、インターネットにつなげば、さまざまなことがスマホ1台で、できてしまうのです。本当に便利な世の中になりました。

スマホという「情報端末」が手元にあれば、わざわざ移動することなく、人とコミュニケーションしたり、ネット上の資源（リソース）を自由に利用できます。

自分に必要なタイミングで、いつでも、どこでも、すぐに使いたい。だから、「1人1台」必要なのです。

学習用の情報端末も同じです。毎日使うのに、いちいち予約→運搬→返却指示→管理表チェックするのでは、面倒ですよね？

ノートや鉛筆、教科書と同じように、**端末もこれからは「1人1台」が常識**になります。とはいえ、児童生徒全員に1人1台の整備が必須となると、その端末は、**必要十分な機能を持ち、丈夫で安価**でなければいけません。また、セキュリティの管理なども、特別な専門的知識を持たない教職員でも、現場に合わせて設定できるものでなければ安全を守れません。

参照
出典：文部科学省「新時代の学びを支える先端技術活用推進方策（最終まとめ）」（令和元年6月25日）p.28

そこで登場したのが、Google が開発する Chrome OS™ を搭載する **Chromebook** です。

実は、GIGAスクール構想の発表に先駆けて、「クラウドベースで安価な端末を提供する Chromebook が2018年には世界の35%、アメリカの総購入数の60%を占めている」と世界で選ばれていることが、令和元年6月に文部科学省が公開した「新時代の学びを支える先端技術活用推進方策（最終まとめ）」に紹介されています。

なぜ Chromebook は、世界中で選ばれ続けているのでしょうか。

タブレットではなくキーボード

まず今、教育現場で求められているのは、タブレットではなくキーボードです。タイピングのスピードが速いと、学習速度やできることが圧倒的に変わってきます。

情報の「受信者・消費者」としてだけではなく、**情報を「独自に加工」し、創作物を生み出し「発信者・生産者」となろうとすると、キーボードのあるPCは必須**となります。

テストの実施方法も、手間のかからないCBT方式へと変化しています。CBT（Computer Based Testing）とは、コンピュータ上で受験するテストのことですが、PCの基本操作やタイピングができないと、時間が無駄になり、せっかく答えがわかっても得点できません。今後、日本でも全国学力や学習状況調査を、CBT化する検討も始まっています。

Chromebook は2in1（ツーインワン）といって、タブレットとしても、PCとしても使える機種が大半です。タブレットとして使えばタッチパネルで操作が簡単ですし、音声入力が使えます。場面に応じて、上手な使い分けが可能になっているのです。

10台でも10万台でも端末に触れることなく管理できる仕組み

端末管理コストも大きな問題です。ICTが得意な教職員だけに、負担が集中していませんか？

Chromebook なら、**250以上の項目について設定が可能**ですし、10台でも10万台でもインターネット経由で**端末に触れることなく管理できる仕組み**があります。これにより、端末管理の対応時間が59%減！ サポート作業は57%減！ というデータもあります。

参照
59%減・57%減
第三者の研究機関であるIDCが、日本を含め世界各国中のGoogle for Education を利用している学校で研究調査を Google からの委託で行いました。出典：2020 IDC Research

多層防御の設計思想を持ったChromebookのセキュリティとは

また、安全に使えることがなによりも重要です。Chromebook はウイルス対策セキュリティソフトが不要、と聞いたことがありませんか？ なぜいらないのでしょうか。

Chromebook は、次の5つのセキュリティ対策が標準装備、多層防御となっているからです。

1. **自動アップデート**
2. **セキュアブート**
3. **サンドボックス**
4. **データの暗号化**
5. **復元モード**

それぞれ解説しましょう。

【1. 自動アップデート】

Chrome OS には、自動アップデート機能があります。新しいバージョンが更新されると、自動でインストールされ、完了すると、再起動ですべてのソフトが常に最新版に保たれます。もう更新作業にあなたの時間を取られることはありません。

【2. セキュアブート】

ブートは「起動」という意味です。Chromebook では起動するたびに毎回、「確認付きブート」と呼ばれるセルフチェックが行われます。システムで改ざんや破損が検出された場合、通常は自己修復により、オペレーティング システムが新品同様の状態に戻されます。

【3. サンドボックス】

サンドボックスは「砂箱」という意味ですね。危険なWebページにアクセスしてしまっても、箱のように囲われた設計によって、他のタブやPC自体にウイルス感染を防ぐことができます。ウイルスをタブの中に閉じ込め、タブを閉じるだけで解決します。

【4. データの暗号化】

Chromebook でウェブアプリを使用するとき、重要なデータはすべてクラウドに安全に保存されます。一方、Chromebook にダウンロードしたファイルなどは、ファイルに簡単にアクセスされないように、不正利用対策を施したハードウェアを使ってデータを暗号化しています。

【5. 復元モード】

Chromebook になんらかの問題が生じた場合は、ボタンまたはキーボード ショートカットを使って復元モードに移行し、オペレーティング システムを既知の良好なバージョンに戻すことができます。簡単な手順で、ウェブの閲覧時のセキュリティを向上させることができます。

「習うより慣れよ」、そして新しい「マインドセット」を

「時間がない」、「予算がない」という2つの「ない」は、Chromebook で解決できる！と、おわかりいただけたでしょうか。

ただ、Chromebook は**これまでとはまったく異なる発想で製造されたPC**です。Windowsに慣れた方には、何かと疑問を感じたり、使いにくいと感じるかもしれません。しかし、こういうものだと慣れてしまえば、これほどシンプルで便利なものはありません。まさに「習うより慣れよ」、なのです。

そして、授業や校務でICTツールがどう役に立つのか「活用イメージがない」という問題。こちらは、このあと本書の第1章以降でしっかりと解決していきましょう。

ただし、はっきりと申し上げておきます。

G Suite for Education も Chromebook 同様、**“従来の発想のまま”使っているだけでは、Google のアプリ群が提供してくれる新しい価値を引き出すことはできません。**

これからの時代にふさわしい「マインドセット」、物事の見方や考え方のバージョンアップが必要です。

本書では、その新しい見方、考え方についても事例に即して解説していきますが、まず、次項では、Google for Education の真価を引き出す、2つの考え方をご紹介します。

Google for Education を10倍活用するための「考え方」とは

G Suite for Education（以下、G Suite）や Chromebook は新しい学びを実現するための“道具”です。

この道具を今よりも10倍有効活用するために、ぜひ知っておいてほしい「考え方」があります。

それは、

- **ICTは〇〇〇〇**
- **Google 式 10X**

という2つの考え方です。

ICTは、なんの略？

まず、ICTは、「Information and Communication Technology（情報通信技術）」の略で、「情報」を扱いますよね。「情報」は目には見えないので、活用のイメージを持ちにくいものです。

そして、環境によっても大きく左右されます。Wi-Fiがうまくつながらなかったり、端末の充電が切れていたり、「さっきまでうまくいっていたのに、急にダメになった！」ということもよくあります。

でも、ここであきらめてはいけません。

ICTは、「いつも・ちょっと・トラブル」の略。そう笑い飛ばしてしまいましょう！

ちなみに、おかしいな？ と思ったら、**「ログアウト・再ログイン」「再起動」**を試してみましょう。

また、わからないことやトラブルがあったら、**まず「Google™ 検索」に聞いてみましょう。**隣りにいる人に聞くよりも早く、確実に、ほしい回答を得ることができるはずです。

ICTは確かに、いつもちょっとしたトラブルがあるのですが、ICTを活用することで、これまでは「不可能だったこと」が、できるようになります。**アナログが悪いのではなく、デジタルの良さを知り、学びに生かしてほしい**のです。その「良さ」がなにか、ぜひ本書を読んで、実際に手を動かして体験してみてください。

また、G Suite 関連で「できるはずなのに、できない」ということがあった場合、おおもとの設定で制限をかけられている可能性もあります。組織で利用する場合、「セキュリティポリシー」という名前のルールが決められているのです。第4章で詳しく解説しますが、「？」と思ったら、G Suite 管理者に尋ねてみるのもひとつの方法です。

そして、最後にもうひとつ。

Google の進化するスピードはたいへん速く、「今できない」ことでも、いつの間にか「できる」ようになることが多々あります（笑）。

どうか**「できない」ことよりも、何が「できる」のかにフォーカス**してください！

Google 式 10X

Google は、1998年に創業され、わずか20年で18兆円を超す売上を誇る大企業に成長しました。この途方もない成功を実現させた秘密が、「**10X（テン・エックス）**」と言われています。

10Xとは文字どおり、「10を掛け算する」ことを指します。目標の数値に単純に「10」を掛けてください。そして、もしこの10倍の目標を達成し、成果を出せるとしたら、いったいどんな世界が実現できるのか、イメージしてみるのです。

「10倍の目標数値だなんて！そんな“大それたこと”を考える立場にはない」

「“できるわけがない”ことを考えるなんて、初めから時間の無駄」

そんな声が聞こえてきそうです。

では、「10Xを考えてみる」意味とは、なんでしょうか？

なぜ Google の成功の秘密、と言われているのでしょうか？

10Xを考えるのは、自分が**心から望む「未来」とはどんなものか、定義する**ことにつながります。**10Xは、「未来から逆算」して、「今」なにをやらなければいけないのか、自分が主体的に行動するきっかけをくれる**のです。

自分がこれまで**無意識につくりあげてきた思い込みや制約を、いったん外してみて**ください。今、現在、なかったり、不足していたりする「現実」についても、考慮する必要はありません。考えるだけならお金もかかりませんし、誰にも迷惑もかかりませんよね。

そして、もし成功できたら、いったい何が今までと変わるのか、ありありと想像してみるのです。その世界を実現するために、あなたが行動する「価値」はあるでしょうか？

本気で10X目標を実現しようと決めたとします。すると、良いことが2つ起きます。

まず、1つめ。

「**昨日までと同じこと**」をやっていて、あなたは、この目標を達成できると思いますか？

そうなんです。これまで同じことをしていても、10X目標は絶対に達成できませんよね。

つまり、本気で10Xを達成しようとするなら、**イノベーションを起こす必要が生じる**のです。新しいことに挑戦しなければ！ と取り組む勇気がむくむくと湧いてくるはずです。

2つめは、10倍の成果を実現するために、毎日必ず行動したら、結果はどうなるでしょう？

もちろんすぐには10倍なんて結果を出せないと思います。しかし、**「今日からできる小さな一歩」を踏み出し、継続したら**、少なくとも「最初に立てた目標」より、もっと大きな成果を残すことができるのではないでしょうか？

なぜ今、努力すべきなのか、本当の目的を自分でハッキリと理解していたら、行動できます。10X目標の達成に必要な、今日できる「小さな一歩」を実行に移すのです。

「千里の道も一歩から」といいますが、Googleでは、こうです。

Think Big, Start Small, Fail Quickly, Scale Fast.
「志は大きく、小さなことから始め、素早く失敗し、スピーディに成長せよ」

という4つの行動原則です。

「さっさと失敗しろ」というのはとてもGoogleらしいと思います。失敗を避けるのではなく、むしろすぐに失敗をして、その失敗から学ぶべし、ということ。それをどんどん繰り返せば、成長スピードを速めることができます。

学校とは「学びの場」です。成長するためにはいろいろな失敗から素早く学ぶ必要があります。

教師はこれまで、なんでも知っていて、知識を教えてくれる存在でした。しかし、これからは、正解がまだわからない問いを考え、先の見えない不安を、教師仲間とともに相談しながら、子どもたちにも問題解決力を身に付けてもらわなければなりません。

こうした**オープン・マインドな「文化」**が、Googleの10Xを支えています。

Googleの社員が毎日使い、毎日進化させてきたG Suiteです。Googleの文化や考え方を理解すれば、あなたの10X実現にも、おおいに役に立つはずです。

まず第1章では、G Suite for Educationを授業でどう活用するか、具体的に解説していきましょう。

第1章

「主体的・対話的で深い学び」をICTで実現する授業

Google for Education

「主体的・対話的で深い学び」ってなに？ しかもICTで実現？

学習指導要領が改訂され、「新しい学び」を授業でどう実践すべきか、模索が始まっています。
あなたの授業は、もう変わりましたか？

改訂された学習指導要領では、子どもたちが育むべき資質・能力が次の三つの柱で整理されています。

- **何を知っているか、何ができるか（個別の知識・技能）**
- **知っていること・できることをどう使うか（思考力・判断力・表現力等）**
- **どのように社会・世界と関わり、よりよい人生を送るか（学びに向かう力、人間性等）**

このような資質・能力をバランスよく育むため、
「主体的な学び」になっているか
「対話的な学び」になっているか
「深い学び」になっているか
という視点から、**「何を学ぶか」だけでなく「どのように学ぶか」**、についても重視して授業改善を進めていくことが求められています。

いわゆる“アクティブ・ラーニング”の視点からの授業改善です。
アクティブ・ラーニング？　……まだピンとこない！
そうですよね。

要は、**子どもたちの頭の中が**「アクティブ」に働いているか、がポイントなんです。人間が持つ無限の可能性を引き出し、脳が活性化している状態が「アクティブ」です。「憶えるべきこと」を教えるだけではなく、**物事への考え方と取り組み方を体得**させるのです。

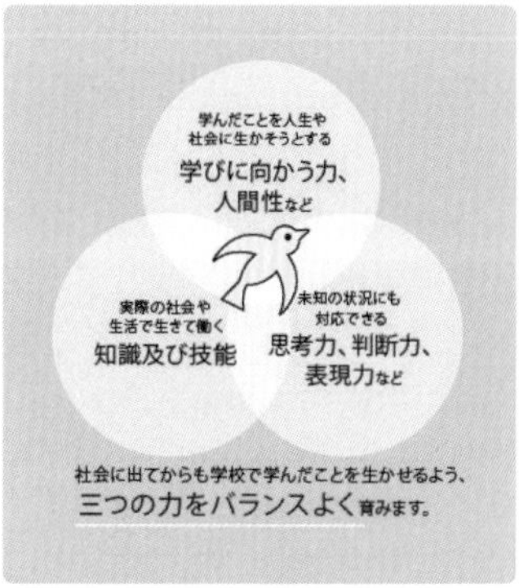

▲学習指導要領で示された子どもたちが育むべき資質・能力の三つの柱（出典：https://www.mext.go.jp/a_menu/shotou/new-cs/1383986.htm#section4）

突然ですが、あなたは、授業時間のうち、どのくらいの割合を“教える”ことに使っていますか？ おそらく7割から8割は、知識を伝達するために使っていたのではないでしょうか。

これからの授業は、“知識伝達型”から“自己探求型”へ変わっていきます。

子どもたちが「自ら考える学び」となるよう、**7割から8割は子どもたち自身が考えたり、手を動かしたり、話し合ったり、発表したり、体得する時間**にしていきましょう！

必ずしも1単位時間の授業の中で「主体的」、「対話的」、「深い」のすべてが実現されるものではないので、難しく考える必要はありません。

「その授業のめあてを明確にし、この場面でこのアプリを使えば、子どもたちの頭の中がアクティブになるんじゃない？」といったような観点で、授業をデザインしていけばいいのです。

G Suite for Education と Chromebook を使えば、子どもたちの頭の中がアクティブになる場面を、簡単に「仕掛ける」ことができます。

そこで第1章では、授業プロセス、つまり「授業のデザイン」→「授業」→「評価」という3つの流れを想定して、解説していきます。

まずは、それぞれのプロセスにおけるこれまでの教師のお悩みを見ていきましょう。

新・授業プロセス		ICT を活用する授業のお悩み
1. 授業のデザイン	「主体的・対話的で深い学び」を仕掛ける	ICT を活用した授業をデザインしようにもやったことがないし、お手本も身近にないので、イメージが湧かない。
2. 授業	「主体的・対話的で深い学び」に誘う	これまでの習慣から抜けられず、教師が一方的に教える“知識伝達型授業”になってしまいがち。
3. 評価	児童生徒による相互評価と教師による評価を行う	ノートやプリントを回収して手採点して返却していた代わりに、ICT でどう評価や振り返りができるか知らない。

第1章では、Google スライド™（以下、スライド）、Google Classroom（以下、Classroom）、Google フォーム（以下、フォーム）の3つのアプリを組み合わせて、解決します。

具体的な使い方のポイントは、次のとおりです。

Google スライド
プレゼンテーション
アプリ

Google Classroom
オンライン学習管理
アプリ

Google フォーム
アンケート＆テスト
アプリ

新・授業プロセス		使用アプリ	使い方のポイント POINT
1. 授業のデザイン	「主体的・対話的で深い学び」を仕掛ける	・スライド ・Classroom ・フォーム	**児童生徒のアウトプットを考える** • スライドでアウトプットの場をつくる • Classroom で指示を出し、課題を個別に回収する場をつくる • フォームで意見を素早く見える化する
2. 授業	「主体的・対話的で深い学び」に誘う	・スライド ・Classroom	**児童生徒のアウトプットを引き出す** • スライドで生徒に質問をなげる • Classroom のコメント投稿で「対話」をつくる • 関連情報を動画で提供し、グループで話し合い、アウトプットする
3. 評価	児童生徒による相互評価と教師による評価を行う	・フォーム ・Classroom	**学んだことを確認する** • フォームで相互評価する • 課題スライドを Classroom で回収する • 課題スライドを Classroom で評価し、返却する

それでは、最初のプロセス「授業のデザイン」から具体的に見ていきましょう。

新・授業プロセス

1 授業のデザイン

「主体的・対話的で深い学び」を仕掛ける

使用アプリ

Google スライド　Google Classroom　Google フォーム

使い方のポイント

児童生徒のアウトプットを考える

- スライドでアウトプットの場をつくる
- Classroom で指示を出し、課題を個別に回収する場をつくる
- フォームで意見を素早く見える化する

そもそも授業には目標・設計・ねらい・めあてなどの目指すものがあります。これがあってのICT活用であることを忘れてはなりません。

「主体的・対話的で深い学び」を仕掛ける授業の具体例として、ここでは「デジタル・シティズンシップ」に関する興味関心を高めることをねらいとした授業を想定し、アプリの使用例を交えて解説していきます。

memo
デジタル・シティズンシップとは「情報技術の利用に関する適切で責任ある行為規範」のこと。ソーシャル・メディア時代の新しい情報教育として非常に重要度が増してきています。

今回の授業の全体像は、以下のとおりです。

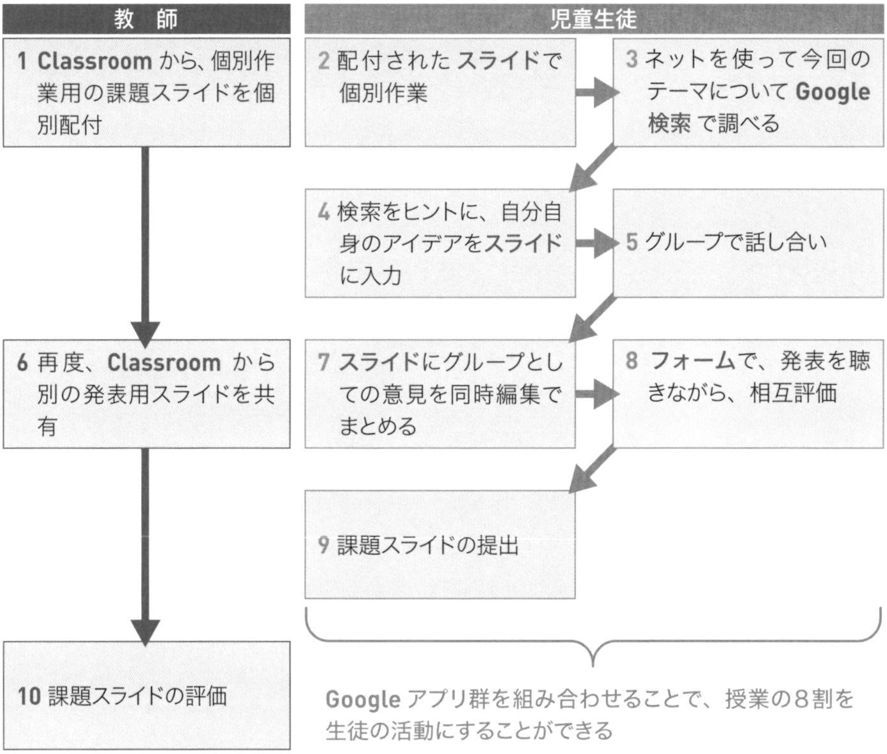

では、さっそく見ていきましょう。

いろいろなアプリを使いますが、事前に教材をつくっておくところがコツです。**慣れれば、授業中にササッと3分程度で、つくることもできる**ようになります（操作方法はのちほど解説します）。

まずは「主体的」な学びを引き出すための、授業の流れを掴んでください。

1 教師は、**Classroom** から課題スライドのコピーを一人ひとりに配付します。児童生徒は、**スライド** に埋め込んだ動画を視聴します。

2 次に、児童生徒自身にも動画と同じような経験がなかったかを考えさせ、あらかじめ課題スライドに作っておいたページに書き込む時間を作ります。

3 "自分ごと" になったところで、今回のテーマ「スマホの魅力に負けず、自分の生活を自分で律する」ためにできる対策を、各自でインターネットで検索しながら、考えるよう促します。

4 SNS や YouTube™、ゲームなどの誘惑に負けず、やるべきことをやるためのアイデアを検索し、自分でもこれならできそうだ、と思ったことを課題スライドに入力していきます。

5 「対話的な」学びとして、ここでグループに分け、自分の体験や調べたことを話し合います。

6 教師は、再度別途作成した発表用スライドを、今度は編集権限を付与して全員に共有します。

7 児童生徒たちは、発表用スライドに 1 枚、自分のグループが使うページを自分たちで追加して、話し合った結果を書き込みます。全員で共有しているため、同時編集できます。

8 書き込んだ発表用スライドを使ってグループごとに発表します。発表を聴きながら、全員が **フォーム** から評価を入力します。

9 課題スライドの最後のページに振り返りを記入し、**Classroom** から提出します。（翌日までの宿題）

10 **Classroom** で課題スライドを評価して返却します。

事前準備

これまでの授業では、ワークシートや課題の資料といえば、先生が印刷して配っていました。

また、資料映像を見せるときには、ビデオやDVDを事前に用意しなければいけませんでした。場合によっては、児童生徒と一緒に、視聴覚室やコンピューター教室に移動する必要がありました。

ところが今や、1人1台のデバイスがあれば、Classroom の[ストリーム]にリンクを貼るだけ。たったこれだけで、**全員に資料を配付完了**できてしまいます。

スライド に動画を埋め込んでしまえば、自席でも自宅でも、教師はもちろん、児童生徒も自分で何度でも再生できます。

もう、毎回の印刷の手間やオーディオ機器の操作から、永久に解放されるのです。

Classroom と スライド を使って課題を出してみましょう。

まずは、スライド を使う準備をしていきます。

配付用の課題スライドを作る（Google スライド）

授業で使用する課題スライドを スライド で作成しましょう。完成イメージはこちらです。

▼配付用の課題スライド（ファイル名：デジタル・シティズンシップ -20210129）

参照

こちらのサンプルは、EDLのサイトからダウンロードできます。
詳しくは195ページ。

スライドの準備は、わずか3ステップです。

新しいスライドを準備する

memo
手順1の前に、Google Chrome などのブラウザを立ち上げ、Googleのサイトにアクセスして、Googleアカウントでログインしておきます。

1. アプリ一覧を表示させる

Google のサイトで画面右上の[ランチャー]をクリックします。ランチャーには、Google のアプリ群が格納されています。

memo
ランチャーとはロケットの発射台という意味があります。

2. スライドを立ち上げる

表示されたアプリの中から**[スライド]**のアイコンをクリックしてブラウザ上に立ち上げます。

point
右記の、アプリの起動と新規ファイルの作成は、スライドだけでなく、Classroom、フォーム、Googleドキュメント™、Googleスプレッドシート™(以下、スプレッドシート)など、ツールの立ち上げに共通する操作です。

3. スライドを新規作成する

「新しいプレゼンテーションを作成」のページに切り替わるので、「空白」の上の ＋ をクリックします。

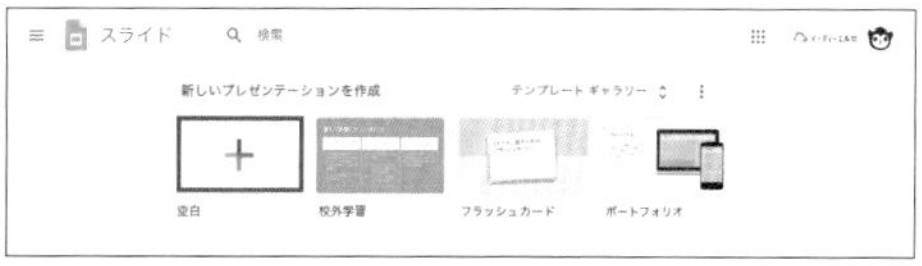

以上で「新しいスライド」が準備できました。

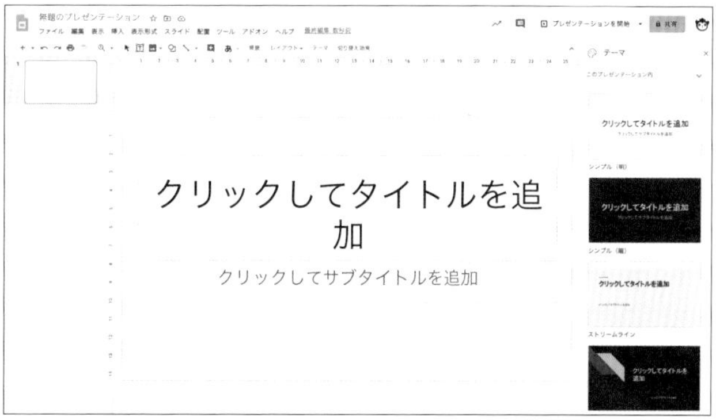

memo
スマホのアプリからも操作できますが、一部機能に制約がある場合があります。また作業は画面が大きいので、PCがおすすめです。本書ではPCの操作について解説します。

続いて、スライドの中身を編集していきます。
ポイントは**「クリックして、操作する」**。その繰り返しです。

スライドにファイル名をつける

最初に、このスライドに「ファイル名」をつけましょう。

画面左上「無題のプレゼンテーション」と表示されているところにマウスポインタを移動し、**クリックして、ファイル名を入力**します。

ここでは「デジタル・シティズンシップ_20210129」とします。

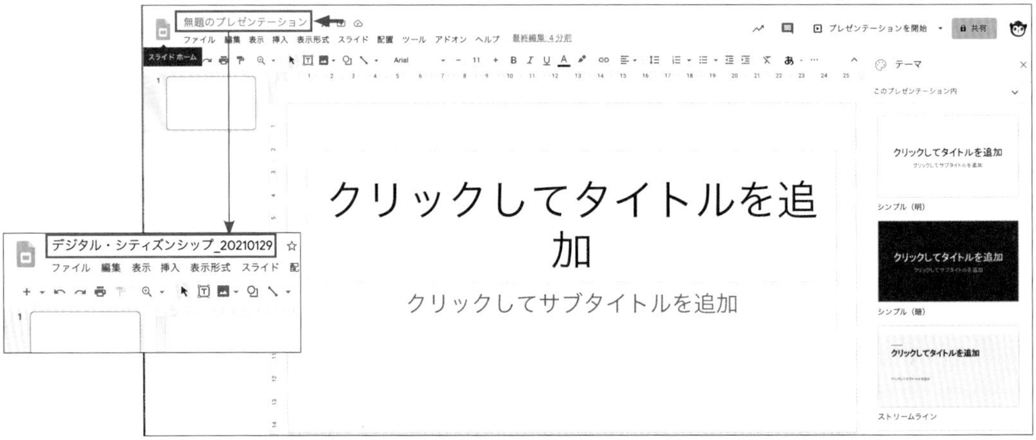

参照
Googleドライブとは、Googleが提供するファイル保管・共有サービスのことです。
第3章で詳しく解説します。

あとから探しやすいように、また自分以外の教師が検索しやすいファイル名にしておきましょう。ファイル名に作成日を入れておくのもおすすめです。

Google のアプリで作成したファイルは、Google ドライブ™で自動保存されます。もう、[上書き保存] を忘れて大切なファイルがなくなることは二度とありません。USBメモリを持ち歩く必要もありません。

タイトルや画像を入れて表紙をつくる

「クリックしてタイトルを追加」と表示されているところをクリックすると、入力のカーソルが表示されます。ここはスライドの表紙ですので、「スマホ、どう活用する？」とタイトルを入力します。

サブタイトルは必要なければ、テキストボックスを右クリックして表示されるメニューから [削除] を指定、もしくはキーボードの Delete キーや Back space キーで削除しておきます。

memo
Chromebook の日本語キーボードでは Delete、Back space と表記されたキーはありません。Enter キーの上の ← キーが Back space キーです。また、← キーと [検索] キーまたは Alt キーを同時に押すと Delete キーの役割を果たします。

次に児童生徒の関心を引く、授業のイメージに合う画像を入れましょう。

今まで、ファイルに画像を挿入するときは、どのように行っていましたか？

まず Google 検索 で画像を探し、右クリックでダウンロードしてPCに保存。その上で、画像を選んで挿入していたのではないでしょうか。

スライド なら、**Google 画像検索で表示される画像をPCにダウンロードすることなく、そのまま挿入する**ことができます。別途、検索ページを開く必要すらありません。**スライド の画面のままで検索が可能**です。

文字や動画、画像、音声など、スライドに何か追加したいときは、**メニューバーの[挿入]をクリック**して選択します。図形や表、グラフや線なども簡単に挿入できます。

1. 今回は、[挿入] のプルダウンメニューのなかから、[画像] - [ウェブを検索] を選びます。

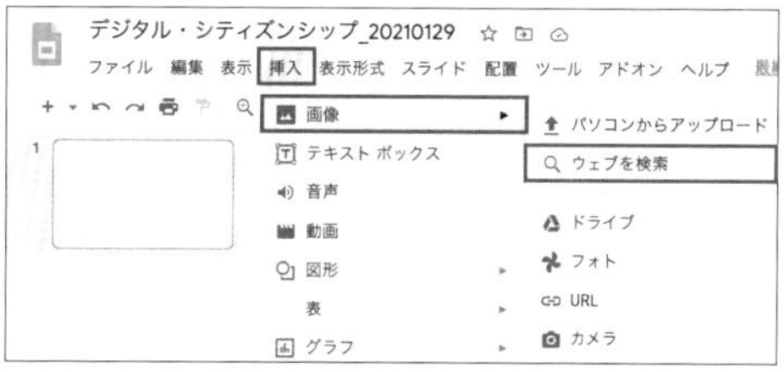

2. 画面右側に操作画面が表示され、画像検索ができるようになります。

ここでは、「スマホ」と入力してみましょう。

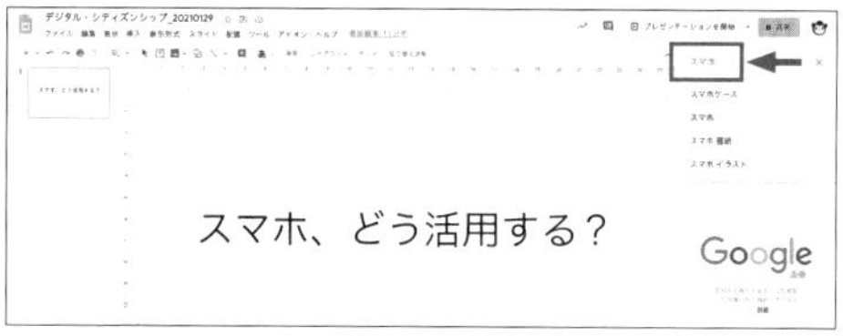

3. よさそうな画像をクリックして選択し [挿入] ボタンを押すと、画像が追加されます。

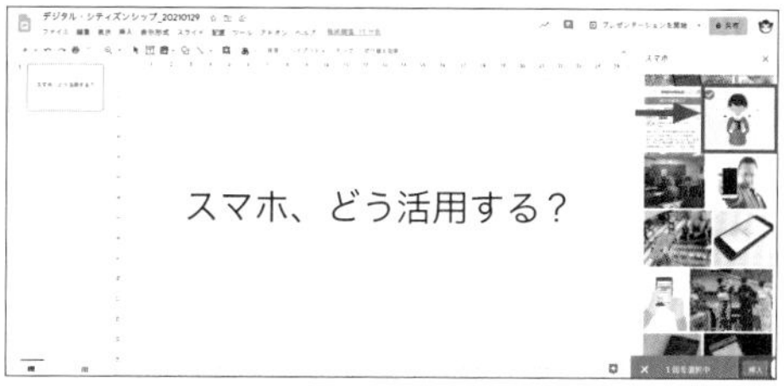

memo
ここで表示される画像は、「再使用が許可された画像」でフィルタリングされた結果です。使用にあたっては、念のためご自身でもご確認ください。そのため固有名詞等で検索するとあまりヒットしないかもしれません。その場合は、別タブで検索してください。

さて、今までなら、このあと、挿入された画像のサイズを大きくしたり、小さくしたり、文字とのバランスを整えたりと手間と時間をかけていたと思います。

なにしろ表紙ですから、少しでもデザインセンスのあるものにしたいですよね。

実は、**Google のアプリ群にはさまざまなAIが標準搭載**されており、スライド には、デザインを提案してくれる機能まであります。簡単にセンスのよい表紙を作ることができますので、ぜひ試してみてください。

1. 画面右下の [データ探索] ボタンをクリックします。すると複数のデザインが提案されます。

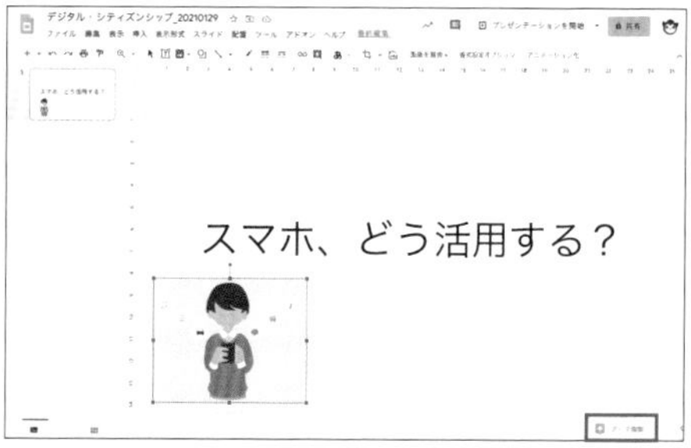

2. 候補から好きなものを選び、クリックするだけで、インパクトのある表紙が一瞬で完成します。

レイアウトを指定して新しいスライドを作成

次に、2枚目以降のスライドを追加しましょう。

1. 画面左上にある［＋］の隣りの［▼］［レイアウトを指定して新しいスライドを作成］をクリックすると（❶）、追加するスライドのレイアウトを選択できます。

2. ここでは「タイトルと本文」を選択してみます。「タイトルと本文」をクリックすると（❷）、2枚目のスライドが追加できます。

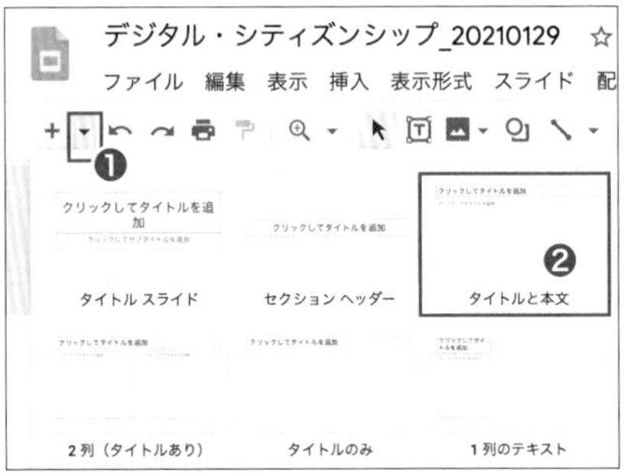

memo
手順3の操作は［Enter］キーを押してもできます。

3. 同じレイアウトで追加する場合には、画面左上の［＋］をクリックします。クリックするたびにスライドが追加されていきます。

memo
表示されたままの［データ探索］は×をクリックすると非表示にできます。

6枚目までのスライドが追加されました。

スライドを並び替え・削除する

スライドの並び順を変更するには、画面左側のサムネイル（縮小版）表示されたスライドを希望の位置までドラッグ＆ドロップします。複数のスライドを移動するには、［Shift］キーを押したまま、移動対象のスライドを続けてクリックし、希望の位置までドラッグします。

スライドを複製するには、スライドを右クリックし、メニューから［スライドのコピーを作成］を選択します。

スライドを削除するには、スライド上で右クリックし、メニューから［削除］をクリックしてください。

スライドに動画を挿入する

参照
出典
8年生：デジタルメディアとあなたの頭脳
https://www.youtube.com/watch?time_continue=1&v=iEBjDwTr8wg&feature=emb_logo

2枚目のスライドに、動画を挿入してみましょう。

今回、学習者の自律と課題解決を促す教材として、8年生（中学2年生）対象の「デジタルメディアとあなたの頭脳」を取り上げます。この動画は、デジタルコミュニケーションの積極的な社会的意義を認めた上で、子どもたちが直面するデジタルジレンマへの共感と真正の問いを投げかける教材です。

ここでも スライド なら、YouTube から直接、動画を埋め込めてしまいます。

1. メニューバーの［挿入］から［動画］をクリックすると、「動画を挿入」の画面が表示されます。

動画は、次の3通りの方法で簡単に挿入できます。

- YouTube の動画を検索して挿入する
- YouTube 動画の URL を直接貼り付けて挿入する
- Google ドライブ に保存されている動画ファイルから選択して挿入する

今回の動画は、YouTube 動画で一般公開されていますので、検索して挿入してみましょう。

2. ［検索］のボックスに「デジタルメディアとあなたの頭脳」と入力し、をクリックします。

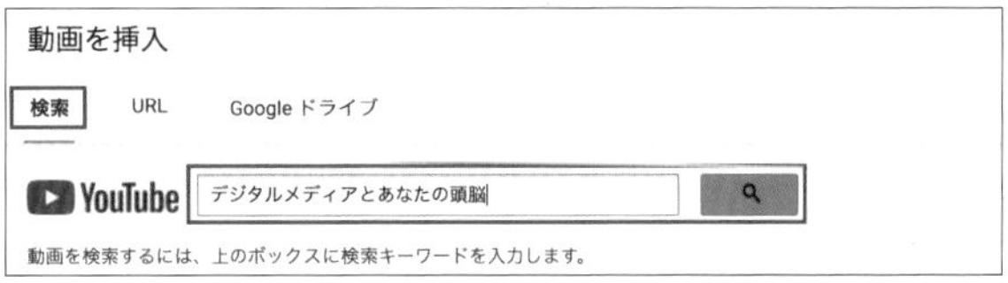

3. 動画のプレビューが表示されるので、使用する動画をクリックして選択し、［選択］ボタンを押します。

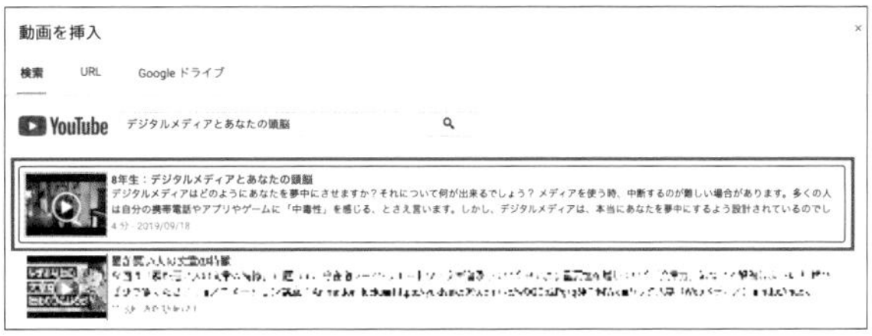

動画が挿入されたら、マウスでドラッグして動画の表示位置や大きさを調整し、タイトルを入力します。

3～6枚目にも文字を入力して課題スライドの完成です。

次に、この課題スライドを Classroom で課題として配付する予定設定をしましょう。

> StepUp
> **「デジタルメディアとあなたの頭脳」**
>
> 世界で採用されているデジタル・シティズンシップ教材のひとつで、commonsense.orgが提供しています。
> （出典：https://www.commonsense.org/education/digital-citizenship/lesson/digital-media-and-your-brain）
>
> commonsense.orgでは、他にも学年別およびトピック別に教材が提供されています。
>
> 英語のサイトですが、Google Chrome 拡張機能で Google 翻訳™ を追加しておけば、英語サイトと気づかないほど、自然な日本語で読むことができます。
>
> 拡張機能については、第5章で詳しく解説します。

Google Classroom の［クラス］でスライドを配付する

作成したスライドに限らず、お知らせや課題の配付、回収は Classroom から行うとスピーディかつ便利で、教師だけでなく児童生徒にも好評です。

それでは Classroom に設定された「教室」にスライドを投稿してみましょう。

Classroom の［クラス］は一度作成すると、通年活用できる、まさに「クラウド上の教室」となります。

参照
［クラス］の新規作成の手順は、第5章の「活用のポイント1」（169ページ）を参照してください。

クラスにアクセスする

Classroom のクラスにアクセスする手順は、2クリックです。

1. Classroom を立ち上げる

Google のサイトで画面右上の［ランチャー］をクリックし、［Classroom］のアイコンをクリックして立ち上げます。

参照
［ランチャー］からの立ち上げ手順は、Googleのツールで共通です。29ページを参照してください。

2.［クラス］にアクセスする

Classroom のホーム画面には作成済みの［クラス］が表示されています。

クラス名（ここでは2年1組）をクリックすると2年1組の［クラス］が、表示されます。

［クラス］にアクセスすると、このように［ストリーム］ページが、毎回最初に表示されます。

［ストリーム］とは、小川、流れ、連続などの意味を持つ英単語ですが、文字どおり「投稿がどんどん流れていく画面」です。この画面で、児童生徒は教師からの「新着情報」を素早く確認できます。

memo
複数の［クラス］に一括で同時投稿したり、一部の児童生徒に向けて投稿することもできます。

この［クラス］に、先ほど作成した課題スライド「デジタル・シティズンシップ_20210129」を［課題］として投稿しましょう。

［クラス］での配付の種類

［クラス］での配付は、［お知らせ］と［課題］の2種類があります。

［お知らせ］は［ストリーム］ページ、［課題］は［授業］ページから投稿します。

［お知らせ］と［課題］の違いは以下のとおりです。

お知らせ	**<課題が含まれない投稿のこと>** ● 通知や、リマインダーを児童生徒に提供できる ● 日付順に表示されるが、必要に応じて古い投稿を最上部に移動することも可能
課題	**<児童生徒にファイルの提出を要求するもの>** ● どんな形式のファイルでもアップロードできる ● 生徒が課題を完了して提出したら、教師は採点して生徒に返却できる

［お知らせ］、［課題］ともにすぐに投稿することも、あとで投稿するよう予定を設定することもできます。まだ投稿しない場合は、下書きとして保存できます。

デフォルト（初期設定）では、すべての投稿が［ストリーム］ページに表示されます。ただし［授業］ページからの投稿の場合は［ストリーム］ページには非表示にする設定も可能です。操作方法は紙面の関係で省略しますが、必要な方は、Google で検索してお試しください。

StepUp
もっと詳しい操作を知りたいときは

本書ではスクリーンショットとともに操作を紹介していますが、Google のソリューションの進化は速いため、画像が古くなる可能性があります。

また、この操作をもっと詳しく知りたい！ということもあるでしょう。そのような場合は、Google 検索して、クラウドから必要な情報を入手してください。

投稿を[課題]として新規作成する

1. [授業]をクリック

スライドを[課題]として投稿するため、画面上部の[授業]をクリックします。

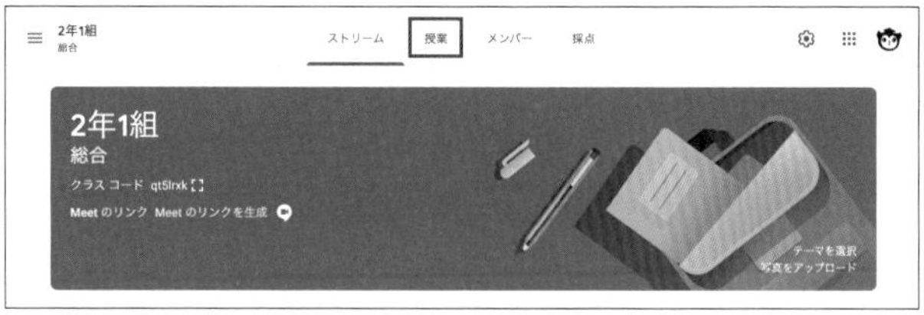

2. 投稿を新規作成する

投稿を新規作成するときは、画面左上にある[＋作成]をクリックします。

3. 投稿の種類を選ぶ

[作成]をクリックすると、[課題]、[テスト付きの課題]、[質問]、[資料]を[トピック]ごとに分類して投稿できるようになっています。

ここでは[課題]をクリックします。

memo

[トピック]はいくつでも設定でき、たとえば単元名をつけることができます。もちろんすべての投稿にトピックをつける必要はありません。

課題のタイトルをつけて、課題ファイルを追加する

1. 児童生徒がわかりやすいタイトル（ここでは「スマホの魅力に負けないために」）を入力します（❶）。

2. [追加]をクリックし、スライドが保存されている場所、[Google ドライブ]を選択します（❷）。

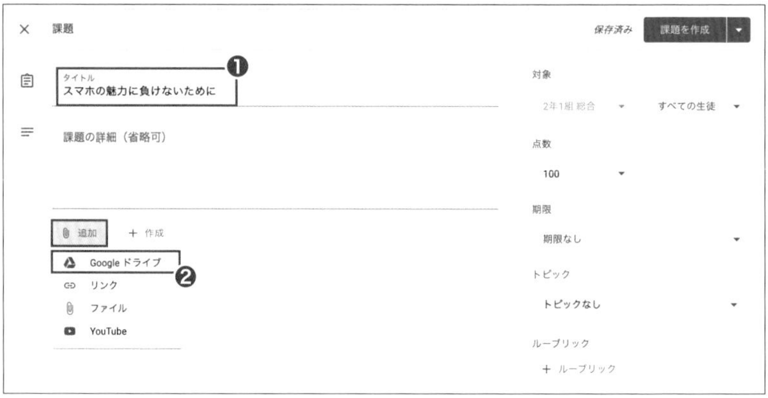

point
Google ドライブ では[最近使用したアイテム]というカテゴリがあり、いつも直近で作成したファイルがすぐに見つかります。

3. 先ほど作成した課題スライド「デジタル・シティズンシップ_20210129」が[最近使用したアイテム]に表示されているので、クリックして[挿入]をクリックします。

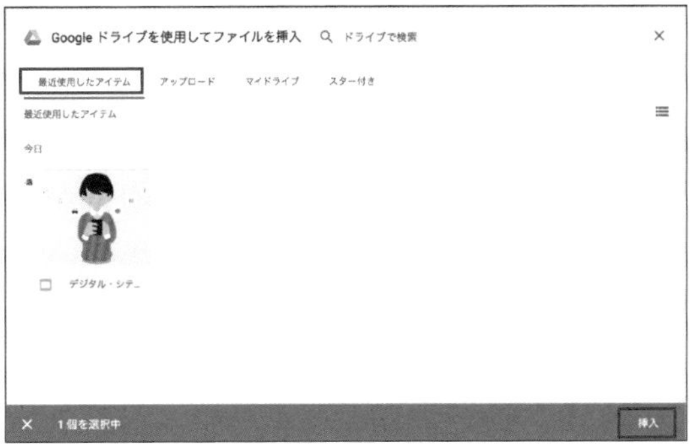

4. 前の画面に戻り、選択したスライドが表示されます。

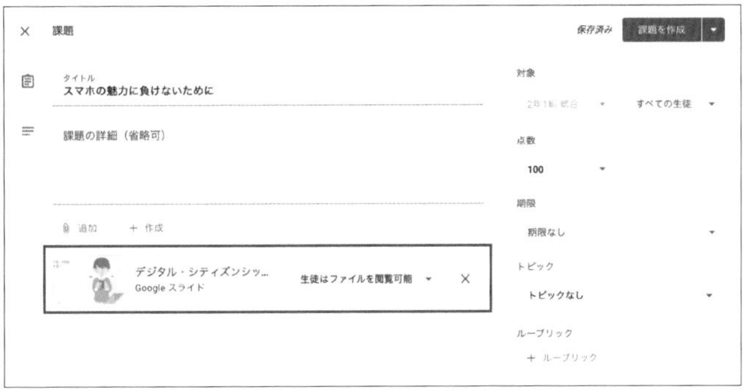

ファイルを「コピー」で配付する

実は、ここがポイントです。追加したファイルを児童生徒に「コピー」して配付します。

memo
・[生徒はファイルを閲覧可能]－すべての生徒がファイルを閲覧できますが、編集することはできません。
・[生徒はファイルを編集可能]－すべての生徒が同じファイルを共有し、そのファイルに変更を加えることができます。
・[各生徒にコピーを作成]－ドキュメントのタイトルに生徒の名前が追加された Google ドキュメント、スライド、スプレッドシート のファイルのコピーが、それぞれの生徒に配付されます。教師と生徒自身がドキュメントを編集できます。

1. 追加したファイルに表示されている[生徒はファイルを閲覧可能]の右にある ▼ をクリックします。

2. 一覧から[各生徒にコピーを作成]を選択します。

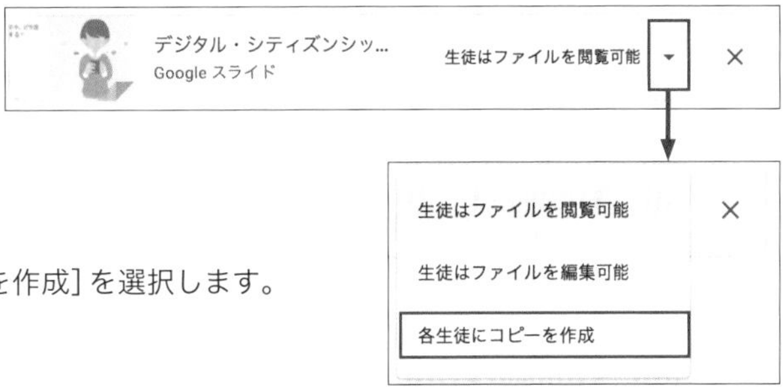

すると、**児童生徒にはファイルの「原本」ではなく、「コピー」を配付**できます。

配付されたコピーには自動的に児童生徒の名前がファイル名に追加され、教師に共有されます。

従来は、児童生徒がファイルを完成させ提出するまで、教師はその内容を一切見ることができませんでした。しかし、G Suite for Education を使うと、**配付してから提出するまでの「全プロセス」が教師に共有**されることになります。つまり、結果だけでなく、プロセスについても、必要に応じて、早いタイミングでフィードバックができ、問題解決していけるのです。

投稿日時を予約する

さあ、最後の操作です。このまま投稿することもできますが、日時を予約して投稿することも可能です。

point
夜や早朝に授業準備をして、授業予定の時間に設定しておくのもよいですし、長期休暇中に定期的に配信予約しておくと、学習の習慣をつけることもできます。

1. 画面右上の［課題を作成］の右にある▼をクリックし（❶）、［予定を設定］をクリックします（❷）。

2. 授業日の日付を選択し、授業開始時刻を入力し（❸）、［予定を設定］をクリックします（❹）。

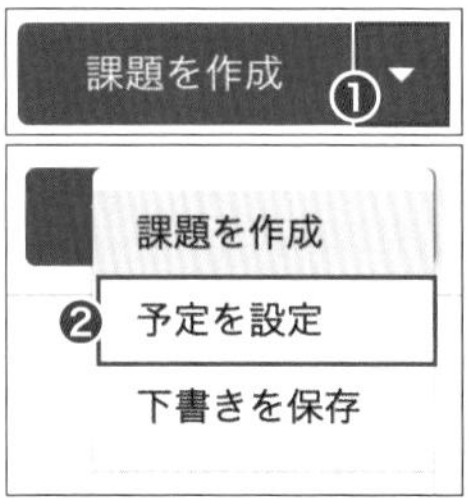

授業開始時刻である2021年1月29日13:30に投稿される設定が完了しました。

それでは次に、児童生徒が発表で使用するスライドを準備しましょう。

発表用の共有スライドを作る（Google スライド）

グループで話し合った結果をまとめるための発表用スライドを作成しておきましょう。準備の段階では、「表紙だけ」用意しておけばOKです。

児童生徒はこのスライドに、「グループ発表用」の1枚のページを自分たちで追加して、授業で話し合った結果を書き込んでいきます。つまり**共同でスライドを編集**するのです。

完成イメージは右のとおりです。

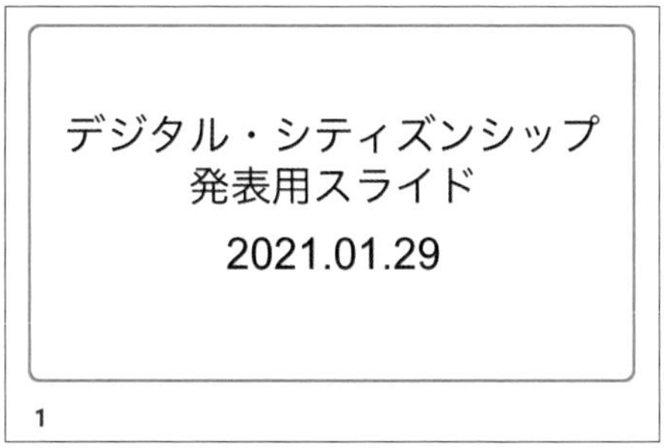

▲発表用の共有スライド
（ファイル名：発表用スライド _20210129）

続いて、各グループの発表を聞いて評価を入力するための「アンケート」を フォーム で準備しておきましょう。

相互評価用のフォームを作る（Google フォーム）

フォーム を利用するとアンケートや小テストを簡単に作成でき、しかも自動で直ちに集計、採点をしてくれます。

完成イメージは右のとおりです。

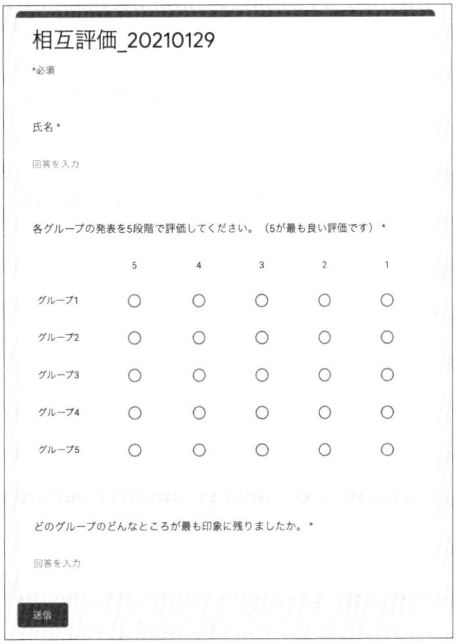

► 相互評価用のフォーム
（ファイル名：相互評価 _20210129）

参照
こちらのサンプルは、EDLのサイトからダウンロードできます。
詳しくは195ページ。

新しいフォームを準備する

1. Google のサイトで画面右上の［ランチャー］をクリックし、紫色の **[Forms]** のアイコンをクリックして立ち上げます。

2.「新しいフォームを作成」のページに切り替わるので［空白］の上の ＋ のボックスをクリックします。

参照
［ランチャー］からの立ち上げ手順は、Googleのツールで共通です。29ページを参照してください。

以上で「新しいフォーム」が準備できました。

フォームのタイトルをつける

1. 画面中央左［無題のフォーム］と表示されているところにマウスポインタを移動し、クリックして、フォームのタイトルを入力します。
ここでは「相互評価_20210129」とします。

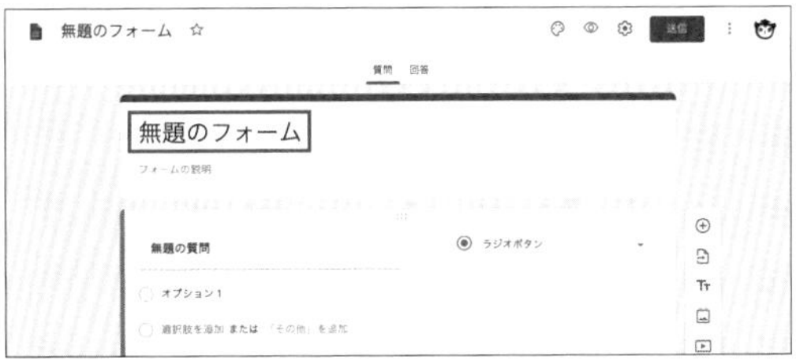

2. 画面左上の[無題のフォーム]と表示されているところをクリックすると、ファイル名が連動し、「相互評価_20210129」に自動で変わります。
ファイル名をフォームのタイトルと別にしたければ、変更も可能です。

氏名記入欄を作る

memo
質問を入力すると、GoogleのAIが回答形式を提案してくれることがあります。

1. 今回は、1つめの質問、[無題の質問](❶)と表示されているところにマウスポインタを移動し、クリックして「氏名」と入力します(❷)。

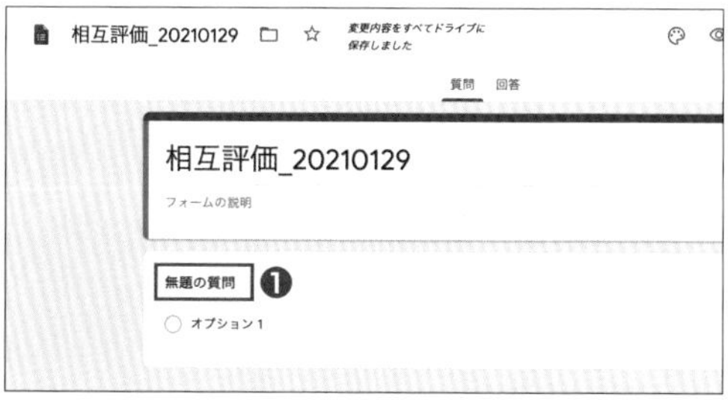

2. 生徒が名前を入力できるよう、[ラジオボタン]の右にある ▼ をクリックして **[記述式]** を選択します(❸)。
必ず入力してもらいたい項目は、右下の **[必須]をクリックしてオンにすることで、必須項目に指定** できます(❹)。

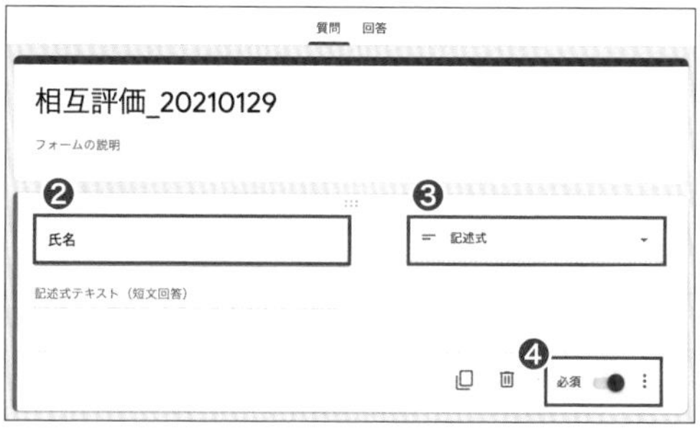

質問を追加する

1. 画面右の[質問の追加]のボタン ⊕ をクリックして(❶)、次の質問を追加しましょう。

2. 2つめの質問として、「各グループの発表を5段階で評価してください。(5が最もよい評価です)」と入力しましょう(❷)。ここで、回答方式は何を選べばよいでしょうか?
各行(各グループ)1つだけ評価してほしいので、[選択式(グリッド)](❸)を指定すればOKです。

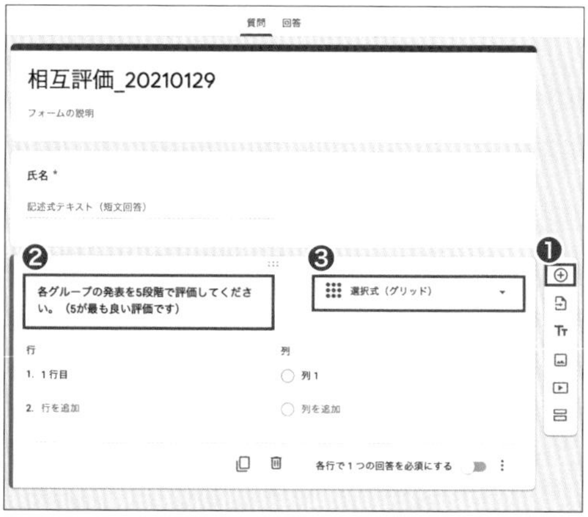

3. [行]と[列]に項目を入力します(❹)。おすすめの入力方法は、あらかじめ別のファイルに入力しておいた列と行の項目を、丸ごと一列コピーして、行や列にそれぞれペーストする方法です。一気に表の縦、横の項目を入力できます。もちろん1つずつ入力してもOKです。

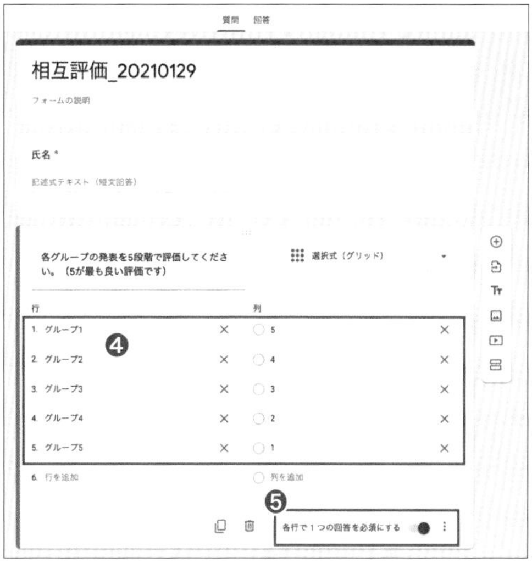

4. [各行で1つの回答を必須にする]をオンにします(❺)。

5. 再び画面右の[質問の追加]のボタン ⊕ をクリックして(❻)、質問を増やしましょう。
「どのグループのどんなところが最も印象に残りましたか。」と入力します(❼)。

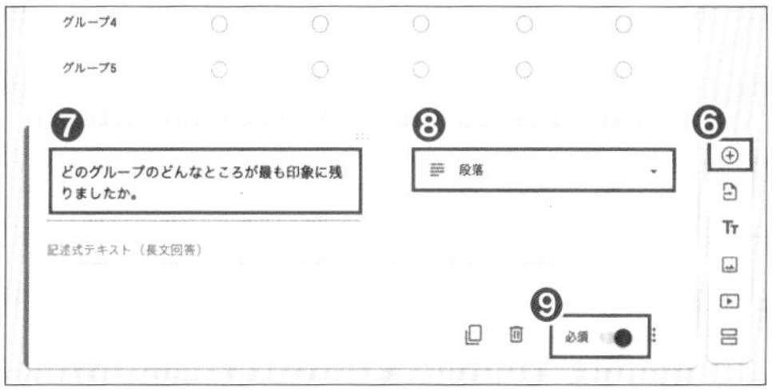

6. 回答は自由記述にしたいと思います。回答方法は、どれを選ぶべきでしょうか？
[ラジオボタン]の右にある ▼ をクリックし、**[段落]**を指定すれば(❽)、段落を含む長文を入力できるように設定できます。[必須]をオンにしておきましょう(❾)。

いよいよ準備も終盤、発表用スライドと、相互評価用のフォームをClassroomに投稿したいとき、すぐ投稿できるように、あらかじめ[ストリーム]に下書き保存しておきましょう。

ここまで、**慣れれば10分もかかりません**。

発表用共有スライドと相互評価用のフォームをストリームに下書きする（Google Classroom）

参照
［ストリーム］については35ページ参照。

準備したスライドやフォームは、授業の流れに合わせてすぐに共有したり配付するために、Classroom で**［ストリーム］に投稿して下書きとして保存**しておきましょう。

1.［ストリーム］ページで［クラスで共有...］をクリックし（❶）、「発表用の共有スライドです。各グループ1枚のスライドを追加してグループで話し合った結果をまとめましょう。」と入力します（❷）。

これが**［お知らせ］**です。

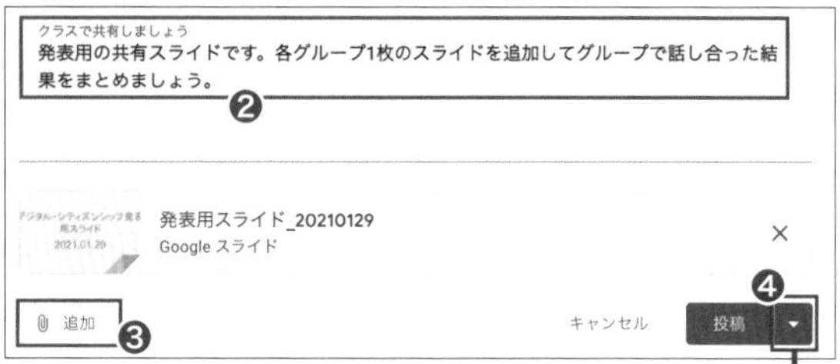

2.［追加］をクリックし（❸）、［Google ドライブ］を選択して「発表用スライド_20210129」を選択し、［挿入］をクリックします。

3.［投稿］の右にある▼をクリックし（❹）、［下書きを保存］をクリックします（❺）。

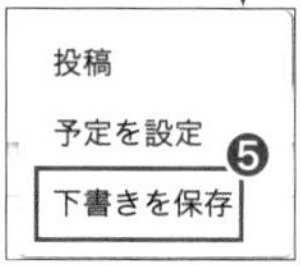

同じ手順で相互評価用のフォームを投稿する下書きを保存しておきます。

保存が完了すると「保存済みのお知らせ」と表示され、画面右の［∨］をクリックすると詳細が表示されます。

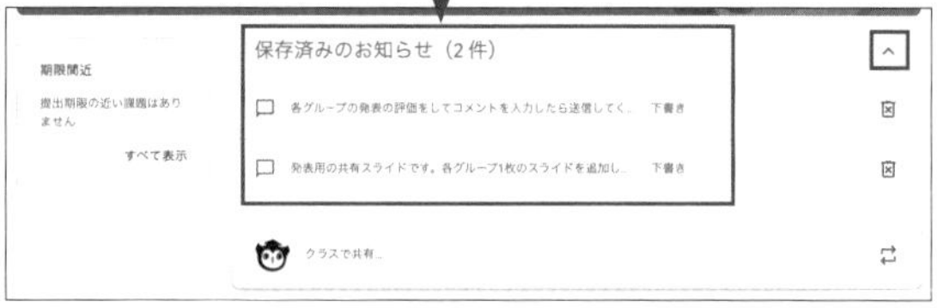

以上で、必要なコンテンツの準備が整いました。

「この授業の目標・設計・ねらい・めあて」、「どうファシリテートしていけばよいのか」などを再確認してから授業に臨みましょう。

新・授業プロセス

2 授業

「主体的・対話的で深い学び」に誘う

使用アプリ

Google
スライド

Google
Classroom

使い方のポイント

児童生徒のアウトプットを引き出す

- スライドで児童生徒に質問をなげる
- Classroom のコメント投稿で「対話」をつくる
- 関連情報を動画で提供し、グループで話し合い、アウトプットする

校外学習でテレビ番組の制作体験をした小学生が、こんな感想をくれました。

「キャスター役をやりたかったのだけれど希望者が多く、くじ引きではずれてタイムキーパー役になりました。やる前は正直乗り気じゃなかったけど、終わってみると、いろいろな役割の人たちがそれぞれの役割をしっかり果たしてこそ、番組ができるんだということがわかりました。

帰りのバスの中で、ふとこう思ったんです。これって、僕が将来なりたいと思っているパイロットも同じなんじゃないかって。整備をする人、お客さんの案内をする人、管制官…。いろんな役割の人たちが協力してはじめて飛行機は安全に飛ぶんですよね、先生？」

この子は、自分の体験をきっかけに、これからの社会でより重要になってくると思われる「チームで仕事をする」という仕事観のようなものを、自分でつかむことができたようでした。

「多くの情報をインプットして自分で考え、アウトプットしていく」という学びのプロセスにおいて、長年の習慣で、インプットを重視しすぎてはいませんか？

言い換えると、つい教師が“教えすぎ”ていませんか？

これも教えなければいけない、あれも忘れてはいけない、といつも知識を伝え、気がつかないうちに、暗記重視のテストに備えるための「繰り返し学習」に陥っていないでしょうか。

自分から気づく場面設定をいかに増やすか。子どもたち自身に考えさせる問いをどれだけ投げかけられるかが、これからはますます教師に求められていきます。

社会がそれを必要とするようになっているからです。

では、知識伝達型の授業からの脱却を図り、子どもたちの頭の中が「アクティブ」に働いている状況を生み出すためにはどうすればいいのでしょうか。

難しく考える必要はありません。前節の「授業のデザイン」でもふれたとおり、**インプット中心からアウトプット中心の授業を心がけ、実践すればよい**のです。
慣れないうちは不安かもしれません。
しかし、教師のほうも、明確なアウトプットを意識して、対話しながら自分で考え、内容を練れば自然と頭の中が「アクティブ」になりますよね。
知識はアウトプットすればするほど長期記憶に残るという実験結果がいろいろ出ています。
知識の定着という観点からも重要であると言えるのではないでしょうか。

▼インプット中心からアウトプット中心へ

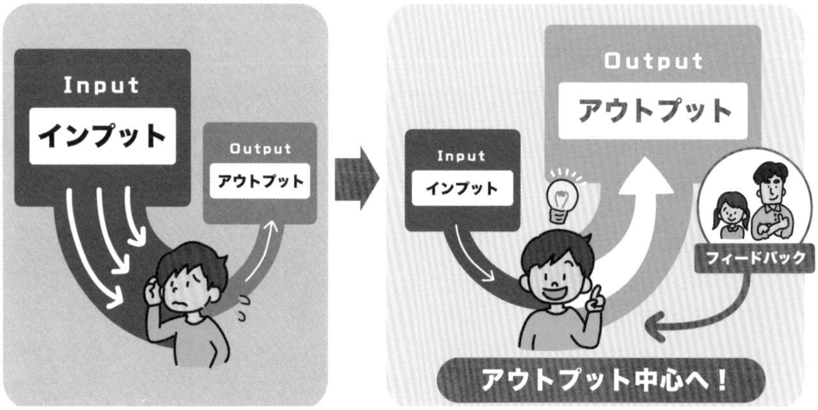

従来型の授業では、教師の発問に対する個々の児童生徒のアウトプットを、どれくらいクラス全体で共有することができていたでしょうか？
挙手を促し、指名し、発言。1時間の授業で何人の児童生徒がアウトプットできていたでしょう？

memo
[設定]－[全般]－[ストリーム]で「生徒に投稿とコメントを許可」、「生徒のコメントのみを許可」、「教師にのみ投稿とコメントを許可」のいずれかを選択できます。

Classroom を使用し、教師が[権限]を「有効」に設定していれば、児童生徒は[ストリーム]ページで投稿、コメント、返信の機能を使用して教師やクラスメートとインタラクティブにやり取りすることができます。
教師の問いかけに対して全員がアウトプットでき、しかもその場ですぐに共有できるのです。

投げかけた質問に対するアウトプットを共有する（Google Classroom）

ここからは、実際に授業でどのように G Suite for Education を活用して、児童生徒のアウトプットを増やせるのかを見ていきましょう。

教室では授業が始まり、児童生徒たちは1人1台の端末を持って参加しています。

いつもなら、黒板に発問を書き始めるところですが、Classroom を使いましょう。

児童生徒たちに Chromebook のふたをあけて［クラス］を開くように伝えます。Chromebook は10秒しないうちに起動し、すぐに準備が整うでしょう。

画面には［ストリーム］ページが表示されています。

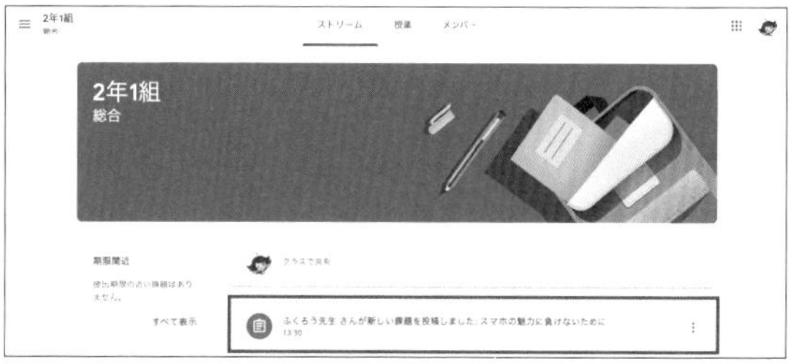

まず、児童生徒たちには、［課題］をクリックしてスライドを開くように伝えましょう。

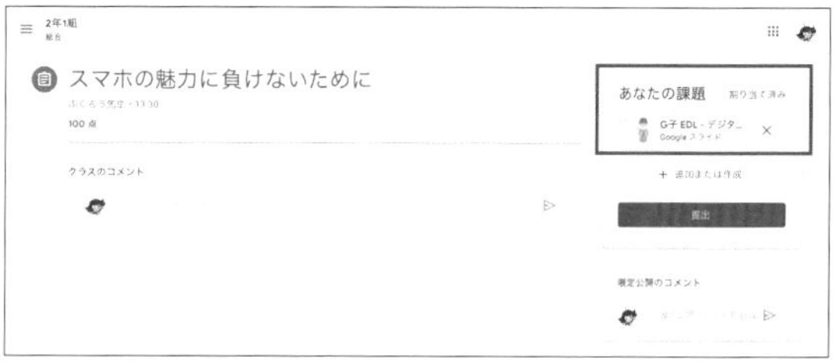

memo
「タブ」とは、ウィンドウに表示された複数の画面を切り替えていくときに使う、「耳たぶ」のようなものです。

Classroom が表示された「タブ」のとなりに、スライドが開くはずです。

画面の一番上部を見てください。こんなふうになっていますよね？

memo
ウィンドウとは、インデックス（＝タブ）のある1冊のノートのようなものです。それぞれのページを、タブを使って自由に行ったり来たりするイメージです。文字どおり、インターネットを経由して世界につながる「窓」ですね。

スライドが開いたら、もう一度［クラス］のタブをクリックして表示を切り替えるように伝え、ここで質問を投げかけてみましょう。**「質問」は、［ストリーム］ページから「お知らせ」という機能**を使います。

お知らせを投稿する

1. ［ストリーム］ページで［クラスで共有...］をクリックします。

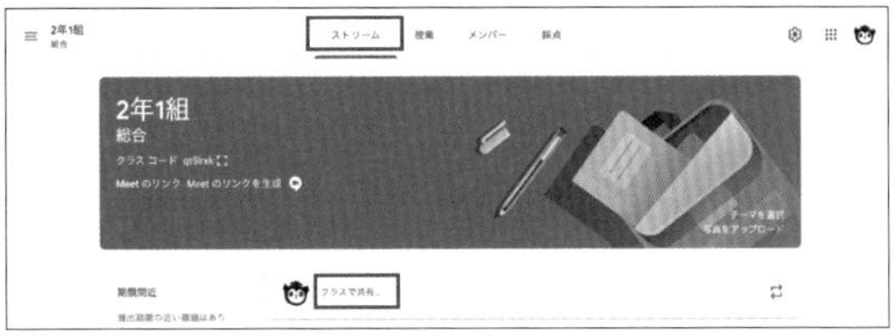

2. お知らせの内容を入力して（❶）［投稿］をクリックします（❷）。ここでは、「スマートフォンでいつも何をしていますか？スマホを手にして無意識のうちにしていることってない？コメントを投稿してください。」と入力します。

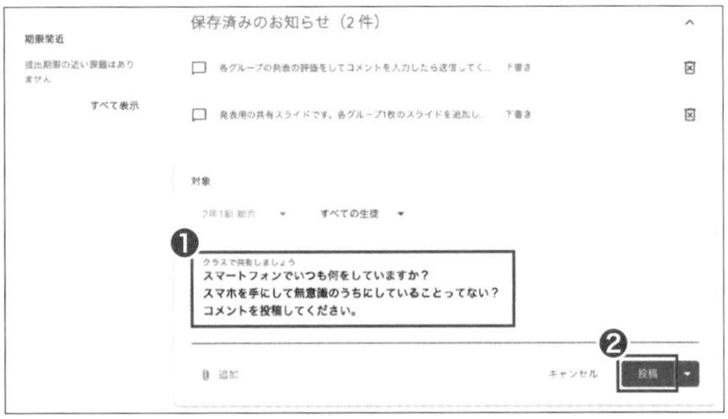

このような画面になり、お知らせが投稿されました。

児童生徒の手元にある画面で、すぐに質問がわかりますので、後ろの座席で黒板の文字が読みにくかったり、声が聞こえなかったりすることもなくなります。

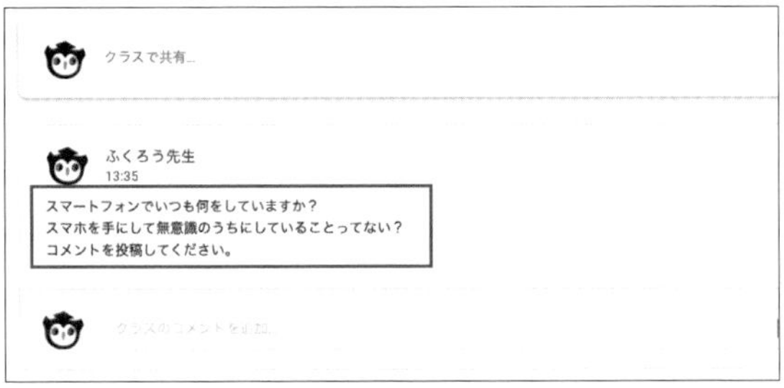

児童生徒の画面では次のように表示されます。

memo
歯車マークは、Googleアプリでは「設定」を意味するアイコンです。

教師の画面と比較すると児童生徒の画面には「採点」、「歯車マーク」、「クラスコード」、「Meetのリンク」が表示されていないことがわかります。アカウントによって表示される内容が、それぞれ異なるわけです。

児童生徒は自分の感じたことを「クラスのコメントを追加」のところに入力し(❶)、右下の紙飛行機のアイコンをクリックすると(❷)、コメントが[ストリーム]ページに投稿されます。

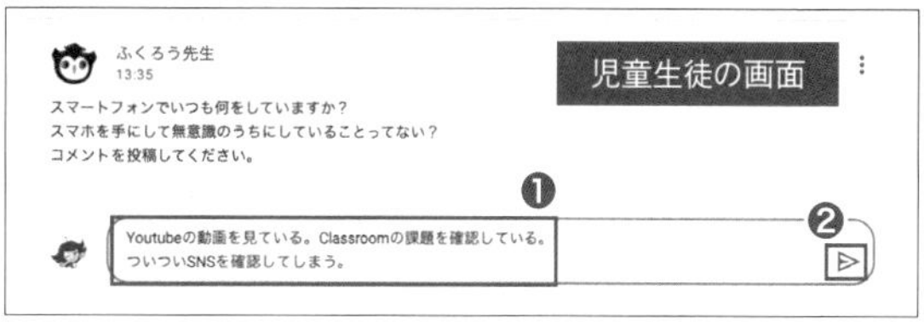

memo
コメントは教師だけではなく、他の児童生徒にも表示されます。

教師の画面では、右のような表示となります。

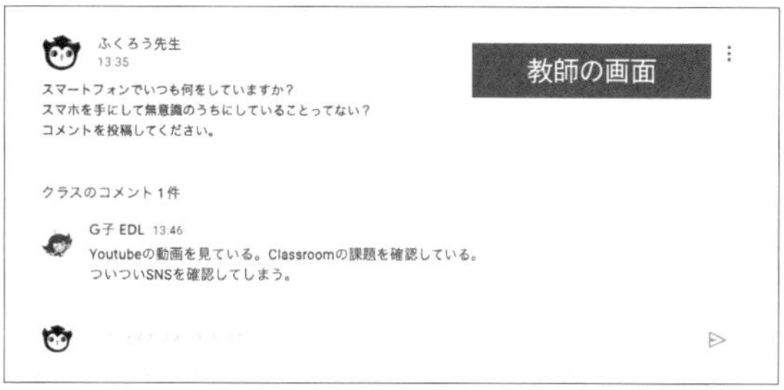

このような感じで教師からの質問に対する児童生徒のアウトプットを受け取り、しかもクラス全員で瞬時に共有できます。やり取りは、自動的にすべて記録されます。

教師から児童生徒へ、反対に児童生徒から教師に質問することもできるので、**教室内にとどまらず時間と距離の壁を越えたインタラクティブなやり取り**が簡単にできます。

ある国語の先生は、作文をさせている間、コメントでサポートを求めてきた生徒から順に、机間巡視してアドバイスを投げかけたり、時間がなくてもあとからコメントに返信したりできるようになったことで、以前よりもフォローがしっかりとできるようになったとおっしゃっていました。

では、続いて児童生徒に本日の活動を提示しましょう。

個別に動画を見て、検索し、考える(Google スライド)

[ストリーム]によるインタラクティブなやり取りによって、児童生徒の頭の中には下地ができました。

スライドのタブを開くよう伝え、これからの活動について説明します。

スライドの内容を見れば流れはわかるので、説明は必要ないかもしれませんね。

動画はスライドに埋め込んであるので児童生徒は個別視聴します。

一時停止や繰り返し再生ができるので、自分のペースで視聴して、内容がしっかりと頭に入ることでしょう。

▲スライドの動画を視聴し、考えをまとめる

スライドの流れに沿って、自分の経験を書き出し、Google検索 も利用しながら、「自分の生活を自分で律する」ためにできる対策を考え、まとめていきます。

グループで話し合い、まとめて発表する（Google スライド）

いよいよ対話的な場面である「グループでの活動」です。

教師は、グループ活動が円滑に進むように導きます。ICT活用の有無に関わらず「ファシリテーションスキル」は、教師にこれまで以上に求められるとても重要なスキルです。

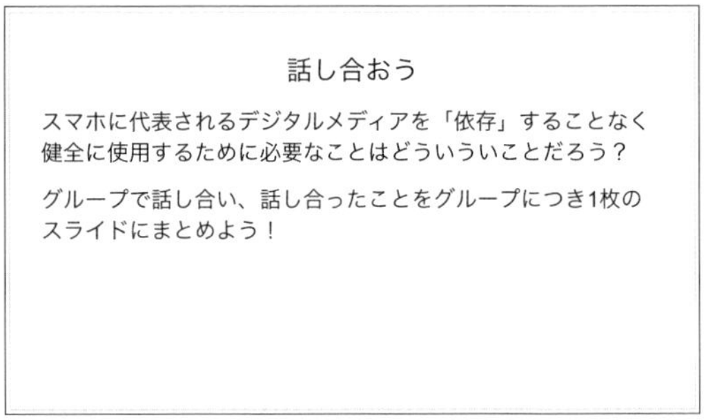

► グループでの話し合いとスライドへのまとめ

まず、[ストリーム]に下書き保存してあった共有スライドを、ここで投稿します。

下書き保存してあるお知らせを投稿する

1. 事前準備しておいた[ストリーム]の「保存済みのお知らせ」をクリックし、「発表用の共有スライドです。各グループ1枚のスライドを追加...」をクリックします。

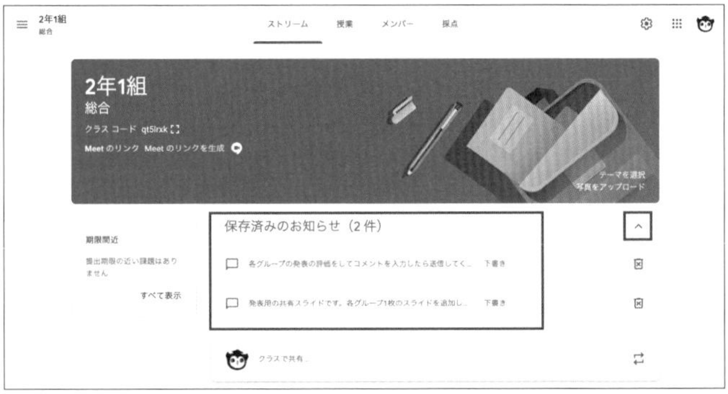

2. [お知らせ] の画面で [投稿] をクリックします。

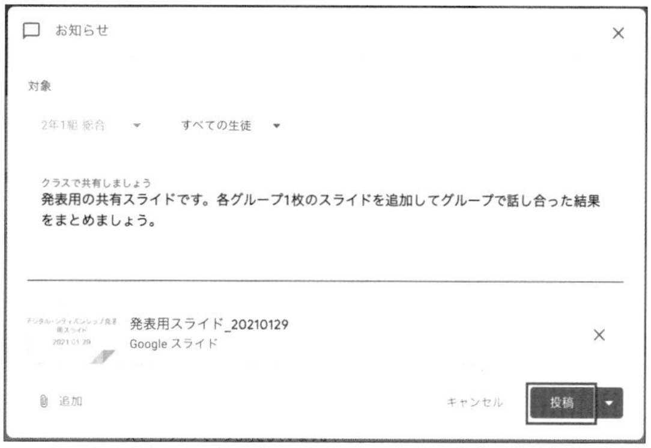

以上で「投稿完了」と言いたいところですが、**共同で「同時編集」するためにスライドに編集権限を付与**する必要があります。

「児童生徒が複数名で、一斉にファイルを編集できる、ってことですか？」

はい、そうなんです。スライド では**権限を与えられたユーザーが、最大で100人まで同時に閲覧、編集、コメントできる**のです。

同時編集するための編集権限を付与する

memo
編集権限の付与は事前に設定しておいてもいいですし、児童生徒の前で行っても問題ありません。

1.「発表用スライド _20210129」をクリックして発表用スライドを開きます。

2. 画面右上にある [共有] をクリックします。

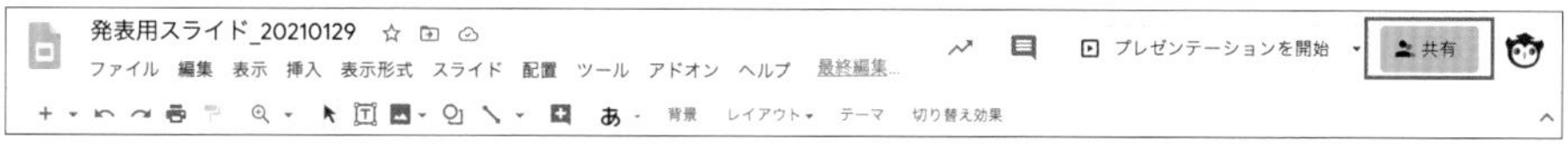

3.「2年1組 総合」の右の [閲覧者] の ▼ をクリックし (❶)、一覧から [編集者] を指定します (❷)。

4.「2年1組総合」の右が［編集者］になっていることを確認して（❶）［保存］をクリックします（❷）。

これで児童生徒たちに編集権限が与えられました。

児童生徒たちは、［ストリーム］に投稿された共有スライドを開いて、各グループ1枚のスライドを追加し、話し合ったことを書き込んでいきます。クラウドツールを使って、共同編集をしているので、教師は自席の自分のPCから、児童生徒たちの作業の過程が手に取るように確認できます。

各グループのスライドがまとまれば、グループごとの発表です。

ここで、ひとつ、忘れてはいませんか？

そうです。発表が始まる前に下書き保存しておいた相互評価用のフォームをClassroomの［ストリーム］に投稿しましょう（手順は共有スライドを投稿したときと同じです）。

参照
相互評価用のフォームについては42ページ参照。

新・授業プロセス

3 評価

児童生徒による相互評価と教師による評価を行う

使用アプリ

Google フォーム

Google Classroom

使い方のポイント

学んだことを確認する

- フォーム で相互評価する
- 課題スライドを Classroom で回収する
- 課題スライドを Classroom で評価し、返却する

教師は、児童生徒が学んだことを確認するために小テストや成果物のチェックをする必要がありますが、G Suite for Education を活用すると、何がどのように変わるのでしょうか。

まず、知識の理解度をチェックするための小テスト。今までは以下の手順で行っていますよね。

問題作成 → 印刷 → 実施 → 採点 → 結果を転記 → 返却

シンプルな小テストだと Classroom と フォーム を使うと次の手順でできてしまいます。

問題作成 → 実施（投稿）

つまり「印刷」が必要なくなり、**ペーパーレス、そして「採点」・「結果を転記」・「返却」の部分が自動化される**のです。ペーパーレスなので配ったり回収したりする必要もありません。

ワークシートやノートの評価はどうでしょう？ 今までの

回収（教室） → 評価（職員室） → 返却（教室）

が Classroom を使えばすべて **Classroom 内で完結**してしまうのです。

ここでは、フォーム と Classroom が評価のためにどのように使えるのかを見ていきましょう。

発表内容を相互評価する（Google フォーム）

1. 児童生徒は、Classroom の［ストリーム］に投稿された相互評価用のフォームを開き、発表を聞きながら評価を入力します。入力が完了したら画面左下の［送信］をクリックして回答します。

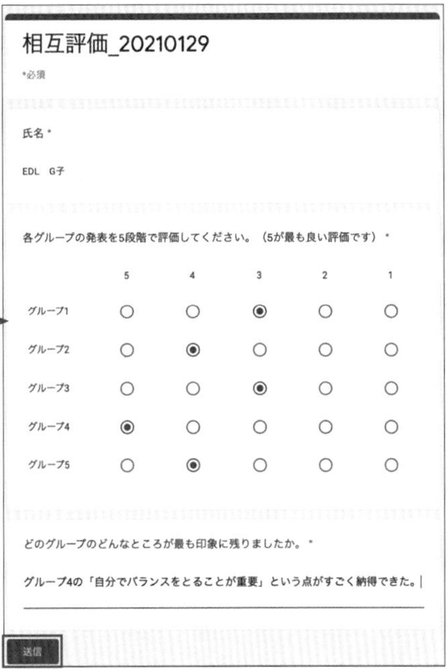

2. 教師が回答結果を閲覧するには［ランチャー］から［Forms］のアイコンをクリックして立ち上げ、「相互評価_20210129」を開きます。

3. 画面上部の［回答］をクリックして回答ページを開くと回答結果が表示されます。

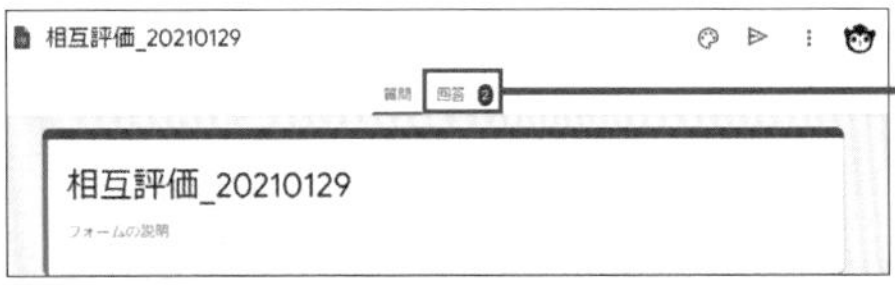

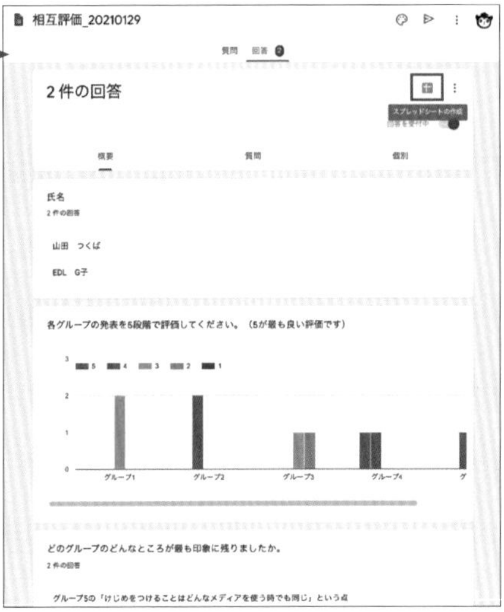

最初に表示されるのは［概要］で、回答を受付中でもリアルタイムで集計結果が表示されます。

画面上部の［個別］をクリックすると、個票も残っているので、誰の回答か確認することも可能です。

StepUp
データを スプレッドシート で加工し、評価に活かす

画面右上の［スプレッドシートの作成］をクリックすると、回答データは Google の表計算アプリである、Google スプレッドシート に出力されます。スプレッドシート を使うことで、このデータをそのまま流用して、加工し、評価に活かすことができます。データ連携もリアルタイムで自動化されています。グラフをつくっておけば、クリックひとつで表示をフォームと同期した最新のものに自動更新できます。

課題スライドを児童生徒が提出する（Google Classroom）

児童生徒はこの授業のまとめを課題スライド6枚目にまとめて提出します。
作業時間を十分にとれない場合もありますので、これは翌日までの宿題としましょう。

1. Classroom の［授業］ページを開き（❶）［課題を表示］をクリックします（❷）。

2. 続いて「スマホの魅力に負けないために」をクリックし（❸）、［詳細を表示］をクリックします（❹）。

画面右上に「割り当て済み」と表示されています。これは「課題がこの生徒に割り当てられているが、未提出の状態である」ということを示しています。

3. 児童生徒が［提出］をクリックすると（❺）、確認のダイアログが表示されるので［提出］をクリックします（❻）。

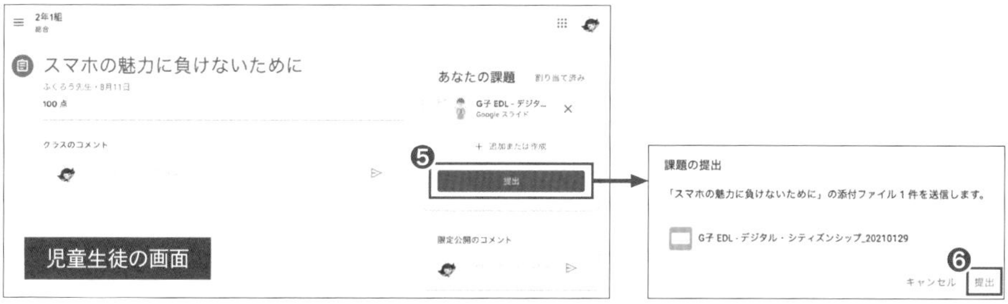

画面が戻り、画面右上の表示が「提出済み」になったことが確認できます。
すると、教師の画面もリアルタイムで更新され、表示が［提出済み］となります。

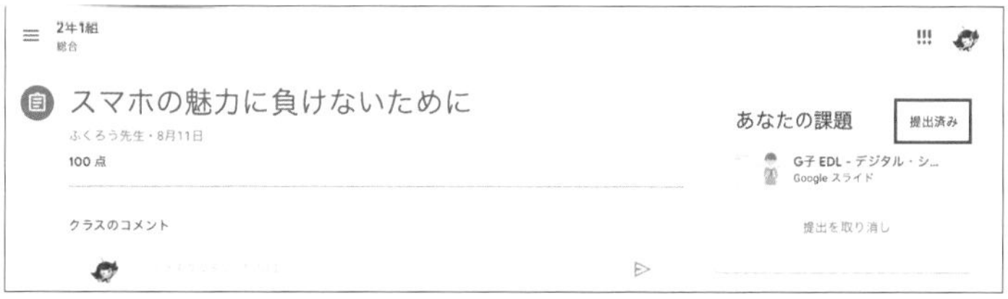

課題スライドを教師が評価する（Google Classroom）

教師は提出された課題を以下の手順で評価できます。

1. Classroom の［授業］ページを開き、「スマホの魅力に負けないために」をクリックし（❶）、［課題を表示］をクリックします（❷）。

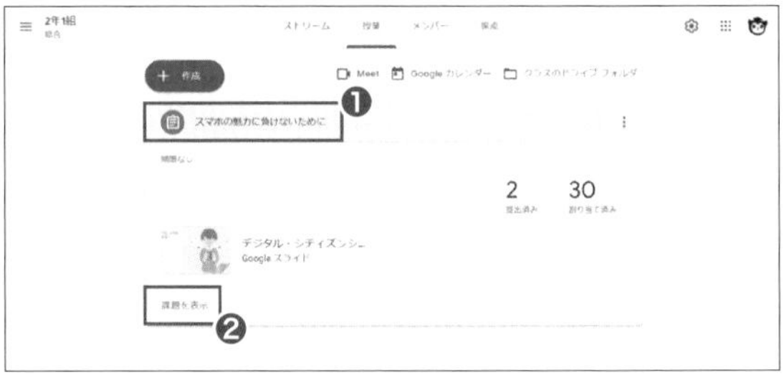

2.「生徒の提出物」のページが開き（❸）、提出済みおよび未提出の生徒の人数が確認できます（❹）。採点する生徒（ここではG子 EDLさん）のところをクリックします（❺）。

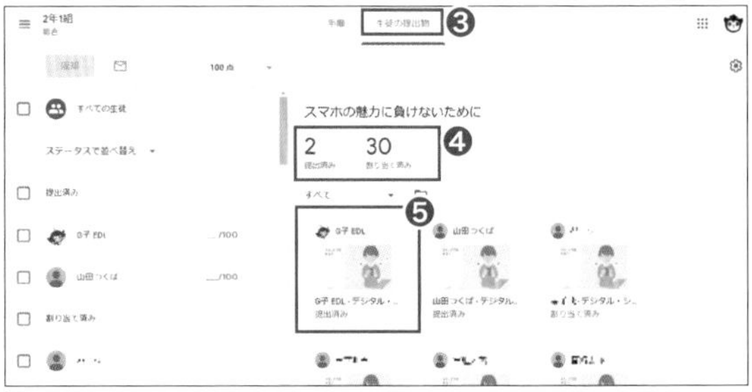

3. 提出されたスライドが表示されるので内容を評価して点数を［成績］のところに入力します（❻）。

> **memo**
> ［成績］は、デフォルトでは満点は「100」ですが、⋮をクリックして変更することもできます。

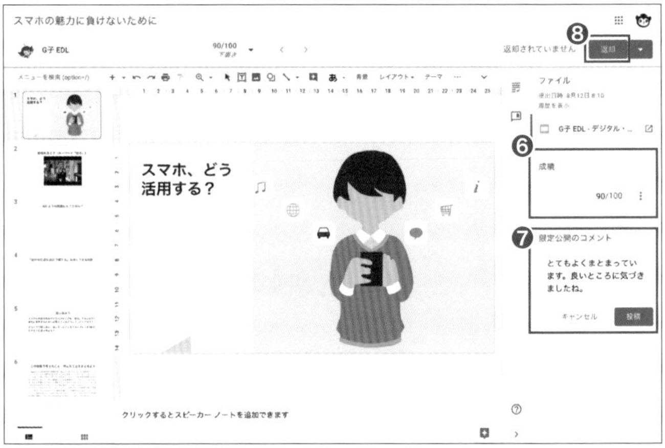

4.［限定公開のコメント］のところにフィードバックとなるコメントを入力して［投稿］をクリックすると（❼）、その児童生徒（ここではG子 EDLさん）だけに「限定」して送信されます。

5. 児童生徒にも点数を表示するには、上図で［返却］をクリックします（❽）。すると、右の確認ダイアログが表示されるので［返却］をクリックします。

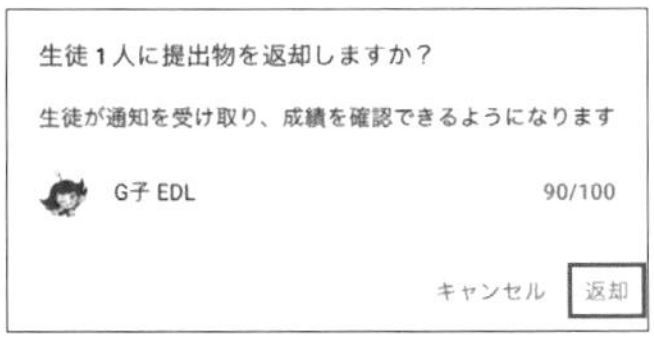

課題が返却された児童生徒（G子 EDL）の画面はどう表示されるのでしょうか。

右は、児童生徒の画面です。

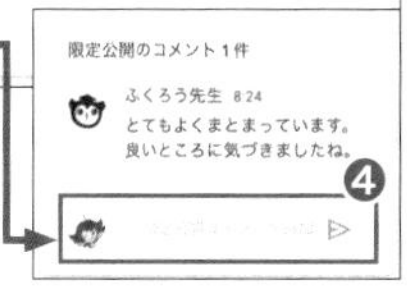

［授業］ページを開き［課題を表示］をクリックすると、画面右側に点数が確認できます（❶）。

吹き出しのようなコメントマーク（❷）をクリックすると教師が入力した限定公開のコメントが表示されます。

［詳細を表示］（❸）をクリックすると、このコメントに対する教師への返信コメントを、児童生徒が追加することができます（❹）。

まとめ：授業でテクノロジーを使う勘所が見えてくる

この章では、児童生徒たちがより能動的になれるように、G Suite for Education をどう活用すればよいのかの一例を「授業のデザイン」→「授業」→「評価」という授業プロセスに沿って解説しました。

紹介した3つのアプリ Classroom、スライド、フォーム の連携で授業が変わるイメージがつかめたのではないでしょうか。

Technology Alone will not improve education, but it can be a powerful part of the solution.

「テクノロジーだけで教育を改善できるわけではありませんが、ソリューションとして有効な手段の1つになり得ます。」

これは Google CEO である Sundar Pichai 氏の2019年の言葉です。

テクノロジーだけで教育を改善できるわけではありません。まさにそのとおり。しかし、**Google のアプリ群を普段使いしていくうちに授業でテクノロジーを使う勘所が見えてくる**ようになります。

そうなれば、あなたにも、その授業の目標・ねらい・めあてなどの目指すものを達成するためのICTを活用した授業デザインが必ずできます。

第2章ではオンライン学習で Google のアプリ群をどう活用するかを解説します。

Society 5.0、そして、with コロナ時代に必要な学びのツールをぜひ使いこなしていきましょう！

活用事例紹介❶

各先生のスタイルに合う使い方を提案 G Suite の便利さを実感し、活用加速

～ICT 教育推進委員会が授業での効果的な活用を率先して研究

近畿大学附属豊岡高等学校・中学校（兵庫県） https://www.kindai-toyooka.ed.jp/

■G Suite の便利さに気づいて一気に活用が進んだ

G Suite for Education の利用を始めた2018年4月当時、学校のICT環境は教員のPCと数台の貸出用タブレットのみで、生徒たちがICTを主体的に活用する場面は見られませんでした。教員も Google は知っていても、Gmail は使ったことがないような状態です。

だからこそ、**各先生のスタイルに合うように G Suite の使い方を提案すると、「学校でこんなことができるんだ！」「こんな便利に使えるんだ！」と驚きの声が続出**。具体的な形が見えてきたことで、積極的に使う流れができてきました。

また、当初、生徒たちは G Suite を情報教室の Windows PCで使い始めました。生徒たちは、共同編集ができるだけで大騒ぎ。自宅のPCやスマートフォンでも G Suite を利用することで、教員よりも早くスキルを向上させていました。生徒たちに G Suite の活用が広がったことで、1人1台の Chromebook を導入する決断に至りました。

G Suite の活用が広がり、1人1台の Chromebook 導入へ

現在、**校務において G Suite は必要不可欠なツール**となっています。職員会議の資料は Google ドライブにアップし、クラウドを利用した情報の共有を図っています。校務分掌では**ICT教育推進委員会に各教科から教員を配置し、委員会の教員が授業におけるICTの効果的な活用を率先して研究**しています。ただ単に Chromebook を使うのでなく、**「どうすればICTを利用して授業をアップデートできるか」「生徒の力をつけるために何をICT化すればよいのか」など、意識高く新しいことに挑戦**しています。

職員室では、授業の空き時間に教員間で活用方法を教え合う姿をよく見かけます。G Suite を導入して2年で、「こんなことをしてみたい」と考えたことが教員間で解決できるほどになったのも、共感して進めていただける先生たちのおかげです。

■「使うのが当たり前」になって授業がアップデート

1人1台の Chromebook を導入してから1年もたたないうちに、生徒にとって Chromebook は筆記用具と同等で授業に欠かせない存在になっています。「使わされている」という感じではなく、授業中に「Classroom に資料があるから見る」「調べたいから検索する」「共同編集したいから共有して編集する」ということが当たり前になっています。**生徒たちが Chromebook を当たり前に使うようになると、生徒の授業の受け方も変わってきました。**

ある生徒は、授業中に扱った問題を検索してみると、教員が提示した解法とは違う解法を見つけました。「なぜ、先生はこの解法で解いたんだろう」と生徒には小さな疑問が生まれてきます。2つの解法を比較検証して、質問したレベルの高さに教員は驚きました。

「いままでは解き方を質問していたのに、考えた質問をしているね。」

これは授業がアップデートできている一例です。これまでは、自分が思いつかなかったら質問ができなかった生徒も、検索したり、共有したりするなかで、情報を取り込みながら、「なぜこの人はこういう考えをしたんだろう？」「私はこう思ったけど」と小さな疑問が出てくるようになったのです。

G Suite は教科でも、総合的な探究の時間でも活用

地歴公民科のある授業では、スプレッドシートに生徒が入力した情報を、テキストマイニング※を使って可視化しています。

保健体育科では、砲丸投げのフォームを動画で撮影して、自己分析をしました。

英語科では、フォーム を使用して単語テストをしていました。テストなので、ロックモードを使用しています。新しい機能も、教員が自身で研究して使っています。

総合的な探究の時間では、スライドを共同編集しています。議論しながら、自分が担当するスライドを作っていくことが、自然とできるようになりました。

※テキストマイニング：文字列を対象としたデータマイニングのこと。文章データを単語や文節で区切り、それらの出現の頻度や共出現の相関、出現傾向、時系列などを解析することで有用な情報を取り出す、テキストデータの分析方法。

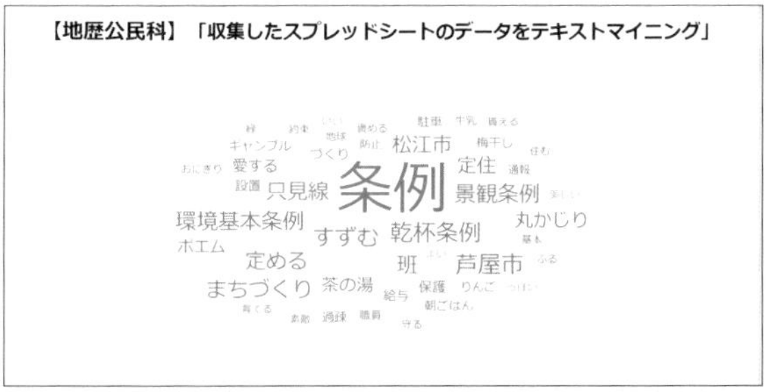

◀スプレッドシートに入力した情報を、テキストマイニングを使って可視化

▲フォーム を使用して単語テスト

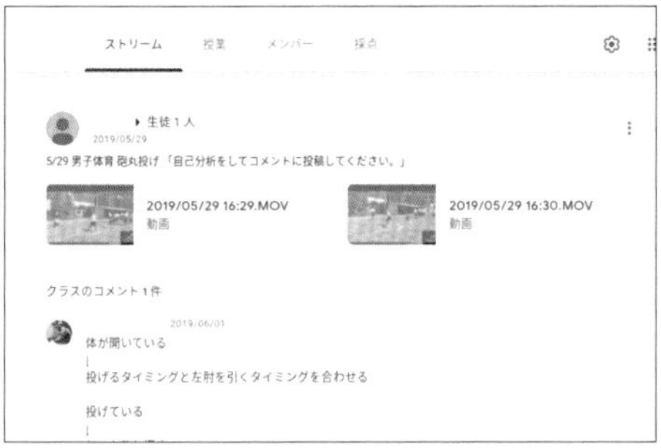

▲砲丸投げのフォームを動画で撮影して、自己分析

▶総合的な探究の時間では、スライドを共同編集

■活用経験があったから臨時休校開始直後からオンライン学習ができた

新型コロナウイルス感染症対策で**臨時休校になっても、積極的に授業でもICTを取り入れてきた本校の教員に焦りは見られませんでした。**「Classroomでの連絡」「授業動画を YouTube にアップロード」「Meet でライブ授業配信」など、教員も生徒もスムーズに取り組むことができたのも、これまでの経験があったからだと思います。

休校期間が長引いた5月からは時間割を作成して「Meet を使った遠隔授業」を、ご家庭の協力のもとで実施することができました。先生たちは誰もいない教室でカメラの向こうにいる生徒たちに問いかけ、生徒たちはコメントやマイクを使った音声で答えていく。生徒たちは、「みんなと普段の授業を受けている感じがする」「先生の授業動画は何回も見られるのでわかりやすい」と感想を話してくれました。

休校期間中、**ICTを活用した授業に挑戦した結果、各教員にとって必要なときに最適なICT教育ができている**ように感じています。以前は手書きメモだった教員と生徒の情報伝達は、完全に Classroom に移行しました。いまや、HR、授業、総合探究学習、委員会、部活など、さまざまな Classroom が運用されています。

授業では、教室のホワイトボードにタブレットやPCから教材を映して授業するスタイルが定着しました。教科を問わず、年代も関係なく、**明らかに「授業が変わった」**といえます。また、ある教員は、動画だと復習しやすいという生徒の声に応えようと、YouTube 動画を作り続けています。

■ICTを活用して生徒の学びをアップデートし、コーディネートしていく

G Suiteを導入して2年で、学校の環境を整備し、教員のICTスキルが向上したことで、ICT活用による授業や校務のアップデートは進んでいると感じています。しかし、**本来のICT教育の目的は、生徒の学びをアップデートすること**だと考えます。

今後、授業は教科書の内容だけを教えるのではなく、生徒たちの思考を深めるための問いかけが必要です。**生徒たちの主体的な「知りたい」「学びたい」に対して、教員が自身の知識や経験だけでなく、ICTを活用して生徒の学びをコーディネートしていく。**「子どもたちは未来からの留学生」という言葉のとおり、生徒たちが大人になったときに可能性という芽が出てくるような種まきや土壌作りを、使命感を持って取り組み続けます。

学習指導部長　ICT 教育推進委員長
数学科・情報科教諭　奥田幸祐先生

活用へのヒント　ICT の活用やトラブルに対応する「委員会」を設置する

学校に「ICT教育推進委員会」はありますか？ 近畿大学附属豊岡高等学校・中学校では、「ICT教育推進委員会」で各教科のリーダーが活用を研究しているというお話でしたが、学校により、さまざまなスタイルの「委員会」がおかれているようです。

校内分掌としての委員会ではなく、生徒会活動の委員会として活動している学校もあります。各クラス2名が参加するICT委員会を設置している学校では、授業中に起きたトラブルはその委員が対応しているそうです。学校に1名～数名のICT支援員には難しいこともスムーズに対応するだけでなく、教員や学校への提案もあるとか。

実際に活用している生徒たちから、どんなふうに使いたいか聞いてみるのも面白いかもしれませんね。

第2章

オンライン学習の可能性を探る

Google for Education

児童生徒とどうつながる？ やる気や知的好奇心をどう引き出す？

2020年春、突然始まった休校。

「学びを止めるな」と良質なオンライン教材や動画、書籍の電子版などが官民問わず、さまざまな形で無料開放されました。休校期間が予定より延びるなか、在宅しながら授業を進める教師も出てきました。

あなたの学校では、どんな状況だったでしょうか。

これまで当たり前だった「対面で行う授業」ができないという大きな問題を解決するために、できる限りの方法を試されたことと思います。

インターネットを活用して離れていても授業ができる「オンライン授業」を取り入れた学校も多かったようです。これまで、「オンライン授業」という言葉や存在は知っていても、日常的に行っている学校は決して多くはありませんでした。それが、新型コロナウイルス感染症対策で一気に「オンライン授業」のニーズが高まったのです。

第1章で述べたとおり、G Suite for Educationを活用すれば、普段の授業でも生徒たちがより主体的に参加できる授業を展開することができます。そして、教室にいなくても、共同作業や課題の提出ができるようになります。つまり、**校内で行うG Suiteを活用した授業は、「オンライン学習」でも役立つ**のです。

登校できなくても、インターネット回線でつながれば、授業を行い、学びを継続することができます。家庭にある端末や環境を利用し、大きな問題はなかったとの報告も耳にします。

従来のオンライン学習といえば、eラーニング。“ずっと講師が話し続けている形”をイメージされる方も多いでしょう。しかし、そもそも小中学校の授業で、このスタイルでライブ配信しても、児童生徒のやる気や知的好奇心を引き出すことは難しいといえます。10分もしないうちに飽きてしまうからです。

また、教員側も、児童生徒も、保護者も、コミュニケーションがとれるのか、学習した内容がきちんと理解できているのかなど、対面の時の「当たり前」ができない不安があるかもしれません。

それは当然です。しかし、「withコロナ時代」にオンライン学習を「やらない理由」はもうありません。

そこで本章では、オンラインでの活動を3つの場面に分けて、G Suite で解決できるお悩みに絞って、解決していきます。

オンライン学習の場面		ICT を活用する授業のお悩み
1. 面談	会わずに顔を見て話す	目の前にいない生徒の反応を確認したり、双方向でのやり取りを ICT を使ってもっとスマートに実施する方法がわからない。
2. テスト	学びを個別最適化する	確認テストをひとつ作るだけでも慣れない ICT で一苦労。配付や採点、集計にもいちいち時間や手間がかかり、困っている。
3. 教材	学びの材料を1ヶ所に集約	児童生徒に配付する資料や教材をひとまとめにして管理できるうまい方法があれば知りたい。

文部科学省は2020年6月5日に「新型コロナウイルス感染症に対応した持続的な学校運営のためのガイドライン」を公開し、「5　学習指導等」の項目において、「ICTを最大限活用して遠隔で対応することが極めて効果的」であり、「一刻も早く児童生徒のICT環境を整えることが必要である」と強調しています。

家庭と連携した児童生徒の健康観察の徹底や、児童生徒等の心身の状況の把握を求められていることからも、ICTを効果的に活用しなければなりません。

さらに、日本経済団体連合会（経団連）は2020年7月14日、「Society 5.0に向けて求められる初等中等教育改革 第一次提言～withコロナ時代の教育に求められる取組み～」と題した提言を公表。

withコロナ時代の初等中等教育に求められる取組みとして、長期の臨時休校によって露呈した日本の教育におけるデジタル化の遅れについてさまざまなデータを示し、「全国でリモート教育が実施可能な環境の緊急整備」、また「ICTを活用した新しい教育様式に対応できる教員の養成」などを求めています。

もはや、待ったなしのICT活用ですが、「オンラインを活用した学び」を実施しようとしたとき、今、教師にはどんな悩みがあるでしょうか？

そもそも、**目の前にいない児童生徒と教師がどうやってつながればよいのか、わからない**ということがあるでしょう。

また、「教科書およびそれと併用できる紙の教材、テレビ放送、オンライン教材・動画、同時双方向型のオンライン指導などを組み合わせた家庭学習を課すことが必要」と言われても、やったことが一度もなければ、具体的にどうすればいいのかイメージするのは難しいかもしれません。

そこで本章では、**Google Meet™**（以下、Meet）、**Google フォーム**（以下、フォーム）、**Google ドキュメント**（以下、ドキュメント）の3つのアプリを使っていきましょう。

この3つのアプリ使うと、**オンライン学習に対しての苦手意識がなくなり、生徒の主体的・対話的で深い学びへと誘うことができ、生徒が探究的で自立した学びへと進むことができます。**

そうすることによって、**教師は、児童生徒の学習環境を整え、児童生徒自らが探究的に個に応じた学びをしていく姿勢を育む**ことができます。

具体的な使い方のポイントは、次のとおりです。

面談	確認テスト	教材
Google Meet	Google フォーム	Google ドキュメント
オンラインビデオ会議アプリ	アンケート・テスト作成アプリ	文書作成アプリ

オンライン学習の場面		使用アプリ	使い方のポイント POINT
1. 面談	会わずに顔を見て話す	・Meet ・Classroom	**Google Meet でいつでもどこでもビデオ通話する** • Meet の基本操作 • Meet のチャット機能を効果的に使う • Meet の画面共有で見せたい画面を見せる
2. テスト	学びを個別最適化する	・フォーム	**学んだことを確認し、振り返る** • フォーム でテストをつくる • 正解／不正解後の学びを誘導する • フォーム で分岐型のテストをつくる
3. 教材	学びの材料を1ヶ所に集約	・ドキュメント	**学びの場づくりを ICT で** • MMTS（Multi-Media Text Sets）をつくる • ドキュメント のコメント機能でアドバイス

それでは、「会わずに顔を見て話す」方法から具体的に見ていきましょう。

オンライン学習の場面

1 面談

会わずに顔を見て話す

使用アプリ

Google Meet　Google Classroom

使い方のポイント

Google Meet でいつでもどこでもビデオ通話する
- Meet の基本操作
- Meet のチャット機能を効果的に使う
- Meet の画面共有で見せたい画面を見せる

とうとう「オンライン授業」をやらなければいけなくなった……、と不安に駆られていませんか？

オンライン授業というと「ずっとインターネットにつないだまま、カメラの前に立って授業をしなければいけないのではないか？」と、イメージされる先生が多いようです。

もちろん、そういうスタイルもあります。

しかし、オンライン授業にもいろいろあります。これまで「教室で行っていた授業」を“そのまま”オンライン上でリアルタイムに実施する以外にも、学びを継続させる方法はあるのです。

たとえば、第1章で紹介した **Google Classroom**（以下、Classroom）を使えば、教師は、**目の前に児童生徒がいなくても、課題を配信することができます。**児童生徒は、〆切までに課題に取り組み、自宅からでも提出することができます。**「この作業、デジタルでも代替できないか？」と考えてみることがコツ**です。

memo
Edu Tuberとは教育に関する内容をYouTubeに継続的に投稿しているYou Tuberのこと。葉一さんが配信する「とある男が授業をしてみた」はチャンネル登録者数100万を超える人気チャンネル。

解説には、人気Edu Tuberが配信するYouTube動画を活用してもいいでしょう。自分で苦労して撮影した動画より、もっとわかりやすく工夫されているかもしれません。

大事なことは、**目の前の児童生徒たちにその動画でどう動機づけ、どう学びを深めるか**、です。

ぜひ Google 検索 でも調べてみてください。あなたが小学校の教師なら、キーワードは「小学校　オンライン　授業　初心者」などで、**ほしかったヒントがたくさん見つかる**はずです。キーワードの組み合わせを変えてみたり、期間を絞ってみたり、少し工夫して繰り返し検索すると、クラウド上の情報を効果的に活用できます。

課題や確認テストは、事前に配信する日時を予約できますし、児童生徒とは、直接会うことができなくても、顔を見て、話して、様子をうかがい知ることができる便利なアプリが Classroom に連携されています。それが、本章でご紹介する **Google Meet** です。

Google Meet の2つの開始方法

Meet は、Google のビデオ会議アプリです。Meet を使用すると、誰でも簡単にビデオ会議を主催できます。他の Google アプリ群と同様、PC、スマホ、タブレットのいずれからでもビデオ会議を開催でき、参加も簡単です。

児童生徒、そして保護者とも、直接会わなくても、顔を見て、言葉を交わすことができるのです。

ビデオ会議は非常に簡単に開催できますが、Meet では会議を区別するURLやIDが第三者に特定されないよう、25種類の記号からなる10文字のコードで生成しています。さらに教育機関向けの Meet においては、Google にログインしていない匿名ユーザーの参加をブロックできるようになりました。

また、Meet のビデオ会議は、すべての通信において暗号化されています。

Google の各サービスには、数十億のユーザーがいるといわれており、そのユーザーを守るためにも、他社サービスと比較すると Google のセキュリティに対する考え方・対策はレベルが異なります。

安心して使えますよね。

では、Meet はどうやって使い始めればいいのでしょうか？

第1章で解説した Classroom から Meet を始めるのが最も手軽です。[クラス] のメンバーと、毎回同じ会議リンクで、オンライン朝礼や個別面談を実施できます。

また、Classroom や スライド を立ち上げたときと同じように、ランチャーから始めることもできます。

memo
スマホで利用する場合には、Meet アプリをダウンロードしてお使いください。

つまり、その気になれば、教師と児童生徒は離れていても、いつでもどこでも、つながることができるのです。

ここでは Meet の開始方法を2通り紹介します。

Meet を Classroom から立ち上げる

Classroom の [クラス] から Meet を使えるようにするには、最初に簡単な設定が必要です。一度設定しておけば、いつでもどこでも、クラウド上の [クラス] から、教師と児童生徒が互いに顔を見て話す環境が整います。

1. [クラス] のトップページを開き、クラスコードの下に表示されている [Meet のリンクを生成] をクリックします (❶)。

2. [クラスで Meet を使用する] というポップアップ画面が表示されるので、[Meet のリンクを生成] をクリックします (❷)。

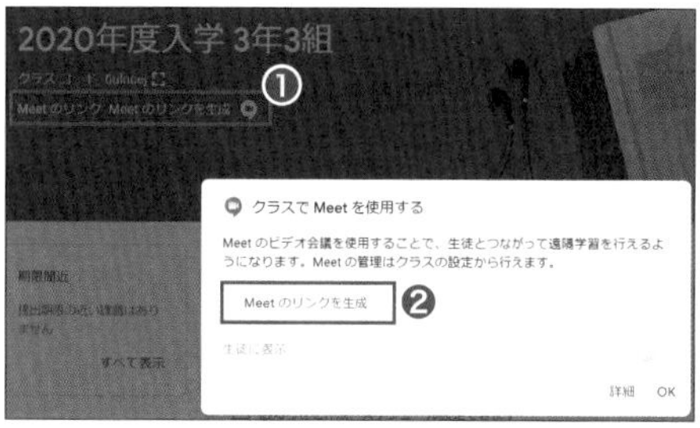

3. Meet の会議アドレスが表示されたら (❸)、[保存] をクリックします (❹)。

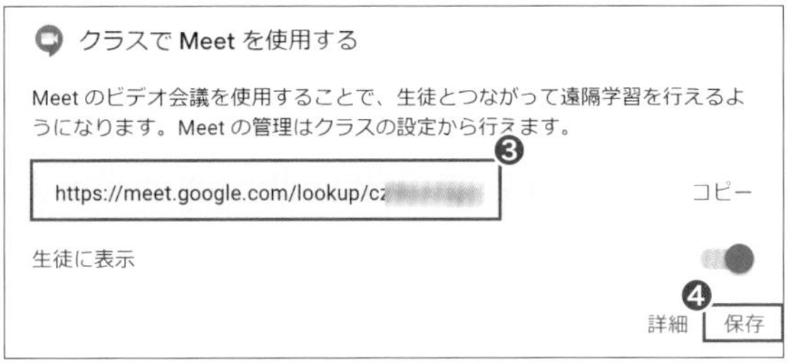

memo

Classroom でクラスの会議リンクを作成、表示、非表示、リセットしたり、クラスのビデオ会議を開始したりできるのは、そのクラスの主担任と副担任だけです。このような権限は、管理者が学校向けに行った Meet の設定に応じて異なります。

[ストリーム] ページに戻ると、[Meet のリンク] に続けてWeb会議へのリンク先のアドレスが表示されています。このアドレスをクリックすると、このクラス専用の Meet の会議をいつでも開始できます。児童生徒の [ストリーム] ページにも [Meet のリンク] が表示されますので、児童生徒はそこから会議に参加できます。

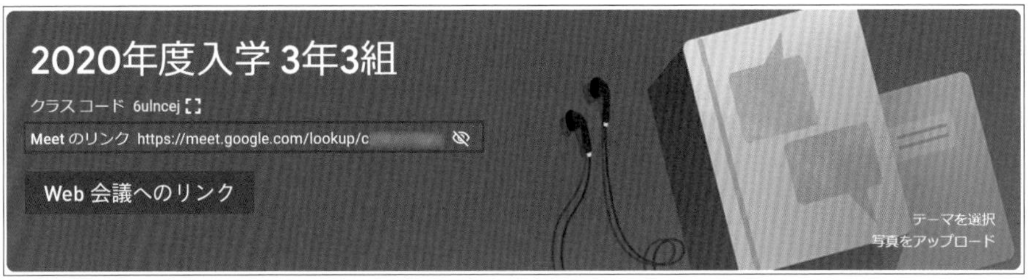

Meet をアプリ一覧から立ち上げる

Classroom から立ち上げた Meet は、参加者が限定されます。つまり、**[クラス] に所属しているメンバーだけが参加可能な「会議」**が最初から設定されているわけです。

一方、Meet アプリを単体で使用する場合は、**[クラス] のメンバーだけでなく、生徒同士や教職員同士、もしくは特定の教職員と生徒間でビデオ会議を開始することも可能**です。その場合は、Google のサイトで画面右上の [ランチャー] から、Meet のアイコンをクリックして立ち上げます。

ランチャーから立ち上げた Meet は、「誰を招待して、いつ開催する会議なのか」を設定する必要があります。

memo

学校によっては生徒の不正使用を防ぐため、ビデオ会議の作成権限は教職員に対してのみ有効になっている場合があります。

1. [＋　ミーティングに参加または開始] をクリックします。

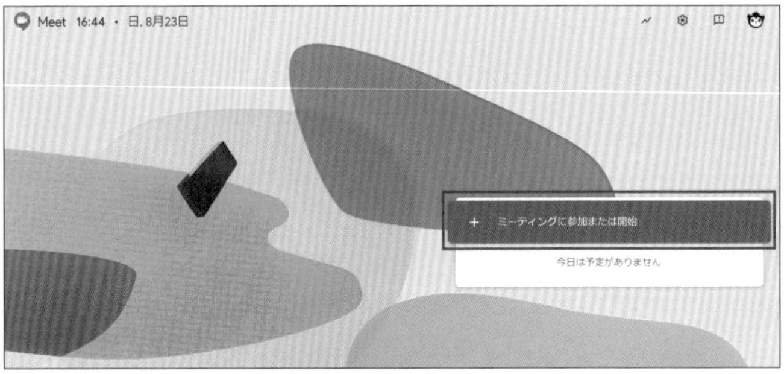

2.「ミーティングコードまたはニックネーム」の入力欄が表示されますが、空白のまま［続行］をクリックします。

3.［会議の準備完了］の画面に切り替わったら、［今すぐ参加］をクリックします。

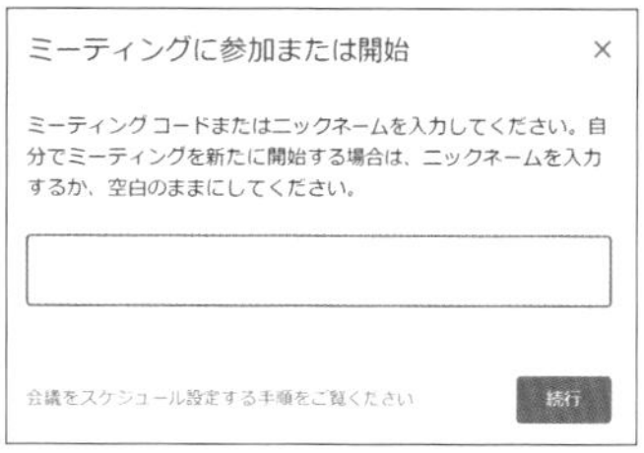

これで Meet のビデオ会議が始まります。ただ、この状態では自分一人だけで、相手がいません（笑）。

ポップアップ表示された画面から［ユーザーを追加］をクリックして（❶）、ユーザーを追加できます。

表示された［ユーザーを追加］の画面で［名前またはメールアドレスを入力］で指定するか、［候補］から選択し、招待状をメール送信することができます。一度に複数人追加して招待することもできます。

［参加に必要な情報をコピー］をクリックすると（❷）、会議へのリンクアドレスがコピーされます。メールやチャット等でこのアドレスを配付すれば、すぐに相手も会議に参加できます。

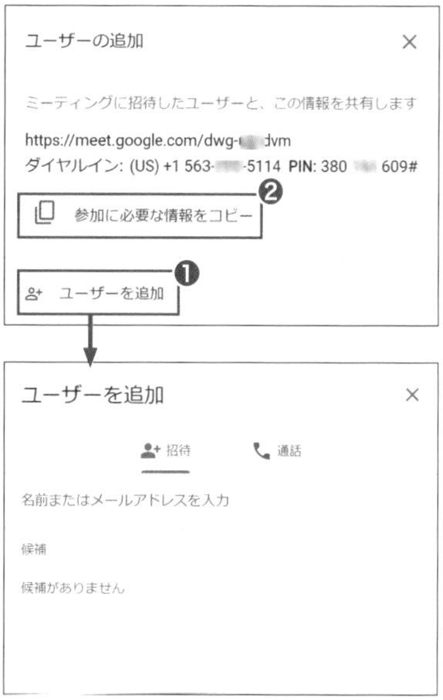

ビデオ会議から退出する際は、画面下部の受話器アイコンをクリックするか、タブを閉じます。

カメラとマイクのオンとオフを切り替える

初めて Meet の会議にアクセスすると、カメラやマイクの使用許可を確認する表示が出る場合があります。どちらも「許可する」を選択してください。

会議の初期設定では、「マイクもカメラもオン」になっています。ただし参加人数が多い会議では、ある一定数の参加人数を超えた場合に、新しい参加者のマイクが自動でオフになります。もちろん、あとで自分でオンに変更することもできます。

マイクやカメラのオン／オフは、画面の中央下にあるアイコンをクリックして切り替えます。**赤色になっているときは「オフ」、背景色と同じだと「オン」の状態**です。

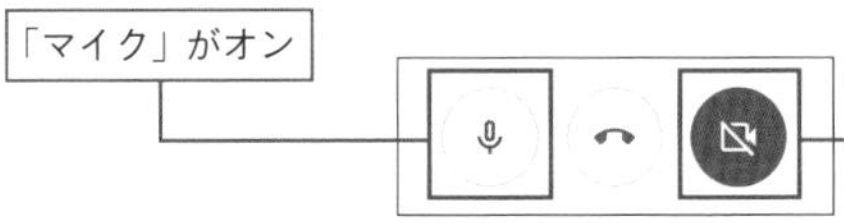

「マイクがオフ」の状態を「**ミュート**」といいます。G Suite for Education では会議の作成者が**参加者をミュートまたは削除（強制退出）できます。**

ミュートと違って、教師のほうから、**児童生徒のカメラをオン／オフすることはできません。**

また、プライバシーの観点から、「ミュートの解除」は、参加者本人にしかできません。

マイクやカメラのオン／オフのルールを考える

マイクやカメラのオン／オフのルールを、クラスであらかじめ決めておくとよいでしょう。たとえば、以下のようなルールが考えられます。

◉オンライン朝礼などで時間を共有している際には、カメラはできるだけ、オンにする

教師の顔を見せることで、児童生徒は安心しますし、教師のほうも、児童生徒の表情から様子がわかるからです。また、顔が見えると、お互い話すタイミングや状況を把握できます。

◉話す人はマイクを「オン」、聞いている人はマイクを「オフ（ミュート）」にする

周囲の雑音や余計な音が入ることなく、話しやすく、聞きやすくすることができます。

◉話し終わるときは「以上です。次は○○さん、お願いします！」

ビデオ会議では、沈黙が続きやすくなり、教師がひとりで話を続けてしまいがちです。児童生徒の意見を聞きたいときなどは、指名制にすると、次の発言者が発言しやすいです。

◉リアクションは大きく

ビデオ会議で相手の反応がわかりにくいのは、対面に比べて視覚情報が圧倒的に少ないためです。そこで、頷いたり、頭の上で「丸」を手でつくったりするなど、大きめのリアクションがおすすめです。

このように、**新しい「ツール」には、新しい「ルール」が必要になります。**

ぜひクラスのみんなで、全員が快適になれるルールを考え、実行してみてください。

Meet でクラウド上に“先生がいつもいる場所”をつくる

教師が児童生徒に対して「いつでも話にきていいよ」と、たとえば自習室や相談室のような場をクラウド上でも設定することができます。

教師はカメラ、マイクともに「オフ」にしておいて、Meet の会議につなぎっぱなしにしておきます。時間帯は、あらかじめ決めておくとよいでしょう。

児童生徒にとっては、いちいち教師の都合を聞く必要がなくなり、離れていても気軽に話しかけやすくなります。

教師の「Meet のマイクをオフ」にしていても、「端末のスピーカーがオン」なら、Meet の音声は聞こえますので、児童生徒が入ってくればすぐにそれとわかります。

▲時間を決めて“先生がいつもいる場所”をつくる

Google Meet の画面レイアウトを変更する

オンライン朝礼のとき、できるだけ大勢の児童生徒の顔を見たい、と思いませんか？ Meet の画面レイアウトは、**中心となっているコンテンツや参加者に焦点が当たるよ**

うに**「自動」で切り替わり**ます。PCで会議に参加する場合は、必要に応じて、自分で別のレイアウトに切り替えることもできます。

右側に表示された参加者のサムネイル（縮小版）画像にマウスポインタを当てると、「押しピン」のアイコンが表示されます。これをクリックすると、その参加者が画面に大きく表示され、固定されます。解除するには、もう一度ピンをクリックします。

ただし、これは**自分が見ている画面のみ**に対する操作です。児童生徒にも、同じように見えているわけではありません。

画面レイアウトを変更するには、画面下の一番右にある［その他のオプション］をクリックし（❶）、メニューから［レイアウトを変更］を選択します（❷）。

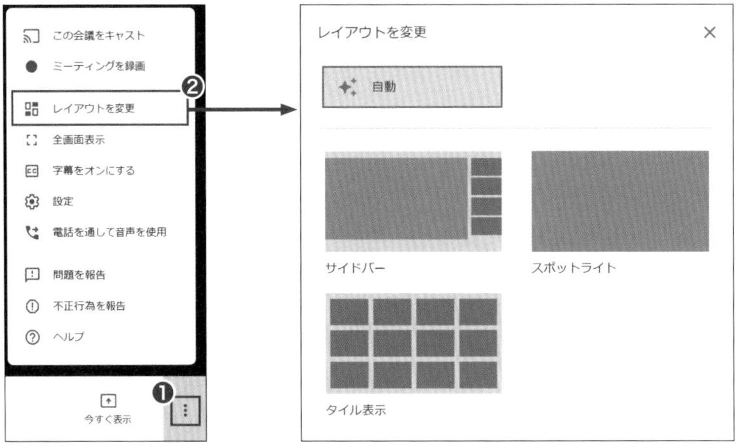

表示された［レイアウトを変更］画面で、変更したいレイアウトを指定します。それぞれの表示方法は次のとおりです。

自動	自動でレイアウトが選択される。
スポットライト	固定表示中の画面、発言中の参加者が画面全体に表示される。
サイドバー	発言中の参加者または固定表示中の画面が大きく表示され、右側に他の参加者が表示される。
タイル表示	固定表示中の画面がない場合に、最大16人の参加者が表示される。2020年9月以降に最大49人に拡張予定。 固定表示中の画面は大きなタイルで表示され、会話の中心にいる参加者がその横に表示される。

- **教師が提示する画面を優先するときには、「サイドバー」「スポットライト」**
- **クラスのみんなの顔を見ながら話す場面では、「タイル表示」**

などと、児童生徒にもコツを伝えると、コミュニケーションが図りやすくなるでしょう。

Google Meet のチャット機能を効果的に使う

ビデオ会議で児童生徒とやり取りをするとき、「教室での直接会話」よりももっと効率があがるコミュニケーションのテクニックがあります。

それは、**「話す」と「書く」を組み合わせる方法**です。具体的には、Meet の**チャット機能**を使います。

第1章でも Classroom のコメント機能を使って、児童生徒の意見や回答を「一瞬で見える化」する方法として紹介しました。

一人に1分話してもらっても、20人いれば、20分かかります。

しかし、5分の時間を取って、チャットに投稿してもらう活動を日常的に行えば、**自分の考えを、短い言葉で言語化する習慣が身につきます。**

目から入る情報は、耳で聞いて理解するよりも、もっと早く頭に入ってきます。

教師だけでなく、児童生徒も、互いの反応をしっかり受け取ることができます。

小学校低学年でも、チャットは使える

「そうはいっても、小学校低学年の場合、チャットの使用は難しすぎるのではないですか？」

よくある質問です。でも、私たちはまったくそうは思いません。

もちろん長文の入力は難しいでしょう。しかし、たとえば「**“はい”なら“Y”を、“いいえ”なら“N”を入力する**」というルールにしてみてはどうでしょうか。たった1つのキーを押すだけで、素早くクラス全員の意見を把握できます。

“わかりました！”だったら“！”、わからなかったら“？”を入力してもらったり、数字にしてみてもいいかもしれません。**「888」は「パチパチパチ」と拍手の意味**になります。

九九をおぼえるとき、出席番号順で、チャットに答えを書かせてもよいかもしれません。

答えを3択にして数字で答えさせても、1つのキーを押すだけです。

また、**今日の体調を「ひとこと」で入力する**よう指示してもいいでしょう。

教師のこの発問によって、一斉に子どもたちは自分の考えを言葉にして、文字入力に集中するはずです。

さらに続けて、**「今日これから何をするか、30文字以内で書きましょう」**と投げかけます。

子どもたちはまた一斉に、自分の考えを言葉にして文字入力に集中するでしょう。

今日の予定ですから、**自分の主体性や思考力を養う**ことに繋がりますし、「"どこで、誰が、何を、なぜ"を、必ず書くように」と条件をつけてみれば、**表現力向上**も期待できます。

【絵文字を入力する】

チャットでは、**"絵文字"を入力する**、という手もあります。

チャットの入力画面[参加者全員にメッセージを送信]の上で右クリックしてみてください。メニューに表示される[絵文字]をクリックすると、候補がズラッとあらわれます。

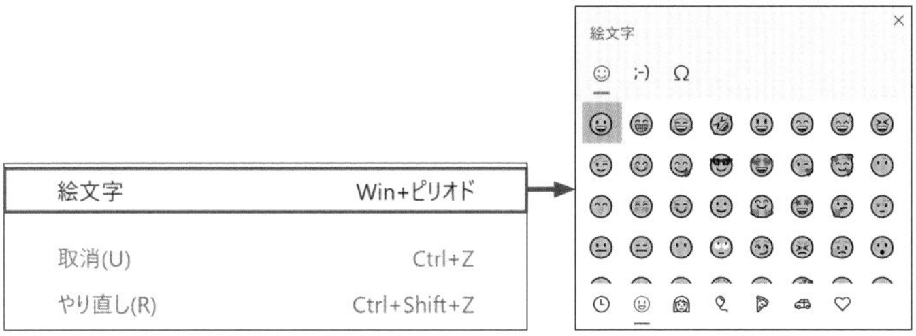

事前に絵文字の意味をルール化しておく必要があるかもしれませんが、文字入力だけでなく、絵文字でも、チャットを使って意思疎通できるはずです。

子どもたちのことですから、「記号」を組み合わせて、オリジナルの意味をもつ符号を作ってくれて、それが盛り上がるかもしれませんね。

チャットを使って、児童生徒をアクティブに

小学生でも中学年以上なら、毎日10分のタイピング練習で、3ヶ月もしないうちに驚くほど速く入力できるようになります。ゲーム感覚で、楽しく続けるのが成功のコツです。

小学校高学年になれば、子どもたちに発問を考えてもらっても面白いアイデアが出そうです。「社会の教科書から出題する」とか「今日は理科のこの単元から」とか条件を決めて、自由に問題をつくって披露してもらうなど、**児童生徒に発表するチャンスを**つくりましょう。

中学生なら、「英語で、現在進行形を使って書く」「重要古文単語を入れてメッセージを書く」などという条件にしてみてもよいですね。さらに「自分の次に書いた人」に読んでもらって相互採点、あるいは感想を「チャットに書いてみよう」というのはどうでしょうか。**次々と発問されてそれに応えるうちに、集中力や対話力のアップにもつながる**でしょう。

従来の学校生活では、教師は、問いかけに対する児童生徒の反応によって、その子の様子を判断していたと思います。

たとえば、すぐに返事をする子、しない子、大きい声の子、小さい声の子、笑顔の子、顔色がよくない子、友達と話し出す子、ひとりで何かに集中している子、心ここにあらずの子……。

それぞれの反応の様子を見極めながら、児童生徒の状態を観察し見守っていたことでしょう。

その問いかけのタイミングを図ったり、内容を選択したりするスキルは、**子どもたちの頭の中を「アクティブ」に働かせる授業デザインにも役立てる**ことができます。

「主体的・対話的で深い学び」を、ぜひオンラインでも実践してください。

リンクをチャットにコピペして配付する

チャットに、リンクを貼るのもおすすめです。

リンクをクリックするだけで、参考にしてほしいウェブサイトや YouTube 動画、Google ドライブ に保存しているファイルへと、全員で“瞬間移動”することができます（笑）。

リンクがどれだけ長くても、気にする必要はありません。

方法は、チャットにそのまま、リンクのアドレスをコピー＆ペーストすれば、それでOKです。

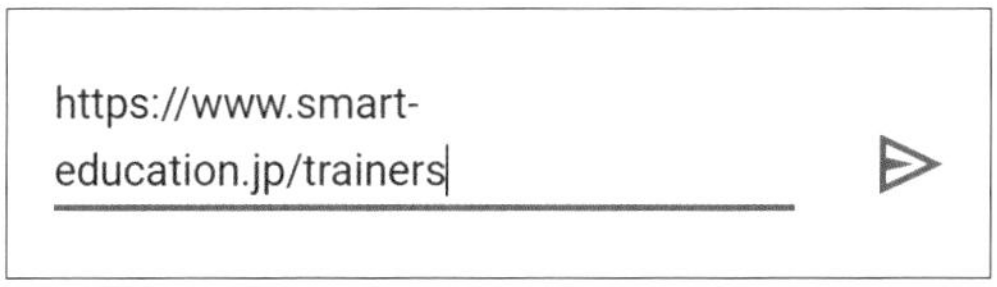

直接会うことができなくても、リアルタイムでつながることができる Meet。

さらに Meet と チャット を使って、**「話す」と「書く」を組み合わせることで、子どもたちの頭や気持ちをアクティブにすることができる**のです。

Google Meet の「画面共有」で安全に共有する

黒板やホワイトボードがあれば、説明が簡単にできます。

教室であれば、家庭への連絡も宿題も、プリントアウトした紙ですぐに渡すことができます。

しかし、ビデオ会議で、黒板やホワイトボードを使おうとすると、小さな画面ではうまく伝えられません。なにより、児童生徒の反応をつかむことができません。

目の前に児童生徒がいないので、配付したい資料があっても、渡すことができません。

これまでとはまったく異なる環境下で、いったいどうすればいいのでしょうか？

Meet には「**画面共有**」という機能があります。

4クリックするだけで、**教師の手元にある端末の画面をそのまま、離れたところにいる子どもたち全員に見せる**ことができます。

> **memo**
> Jamboard とはホワイトボード上に付箋を貼ったり、手書きができるアプリです。生徒間のコラボレーションを促進し、学習意欲を高めることができます。

リアルタイムで共有できるので、Google Jamboard™（以下、Jamboard）というアプリを使って、手書きで問題の解き方を順を追って説明することもできますし、朝礼や帰りの会などに、PDFファイル化したプリントを自分の端末に映し出し、それを使って説明することもできます。説明したあとは、Classroom からPDFファイルを配付すれば完了です。

一方、児童生徒の見ている画面を、教師や他の子どもたちの端末でも共有することもできるので、1人を指名して操作をさせながら教えることができます。

教師は、児童生徒の操作を見ながら、タイミングよく声をかけることができます。また、自分の端末でその過程を見ている他の子どもたちにとっても、操作や思考の過程を共有することができ、自分が体験するのに近い感覚を持ちながら学ぶことができます。

遠くの黒板の文字が見えなかったり、声が聞こえにくかったりということもないので、画面共有に慣れてしまえば、教室での授業や学級活動以上に、快適に感じるかもしれません。

画面共有する方法

画面を共有する方法は、次のとおりです。

1. 画面右下にマウスポインタを動かすと［今すぐ表示］とあらわれるので（❶）、クリックします。すると「画面を共有する」というポップアップが表示されます。

2. 一番上の［あなたの全画面］をクリックすると（❷）、画面中央にポップアップが出てきます。

3. 画面の映像部分をクリックで選択してから（❸）、［共有］をクリック（❹）します。

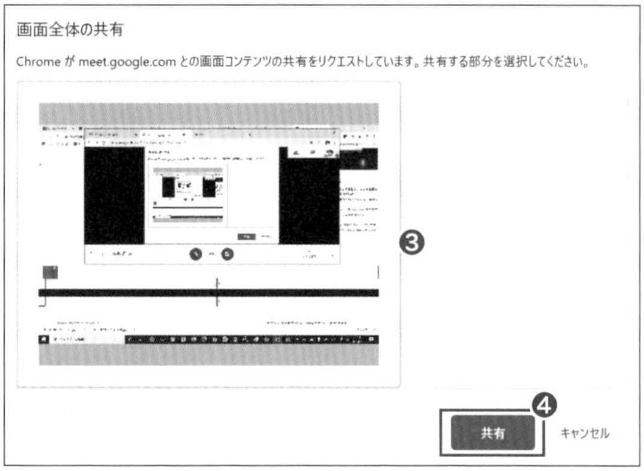

これで、自分の見ている（操作している）画面がそのまま Meet 参加者全員へと共有されます。

下の画像のように、固定表示された共有画面が大きく映り、参加者が一緒に映るような配置になります。離れていても実際に対面で話し合っているような感覚で会議を進められます。

2画面分割（マルチウィンドウ）で生産性UP

Meet で画面共有して、教師が操作をしながら説明しようとするとき、ちょっと困ったことが起きています。それは、児童生徒の顔がまったく見られないこと。

なぜそうなるのかというと、表示しているのは Meet が表示されているタブではなく、別のタブだからです。

PDFファイルや YouTube 動画を表示させていたり、スライド や Jamboard などを立ち上げ、操作するので、画面がすっかり切り替わってしまっているわけです。

「操作をしながら、児童生徒の表情も確認したい。」

そんなときに便利なテクニックが、画面を分割して使う「**マルチウィンドウ**」です。マルチウィンドウとは、2つのタブを同時に表示しながら使用している状態を指します。

▼画面を分割して使うマルチウィンドウ

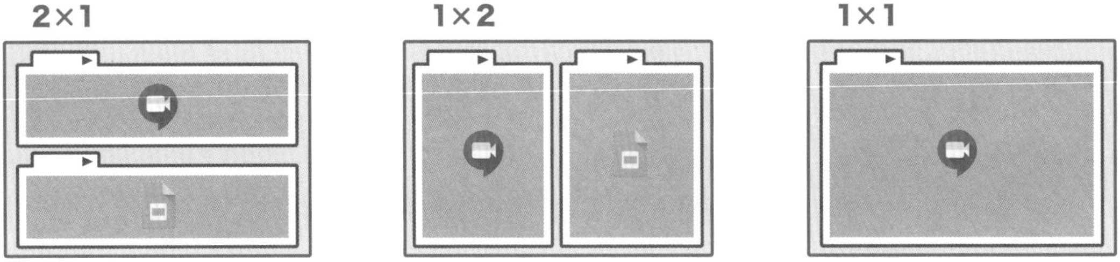

縦でも横でも並べて表示するので、タブで切り替えなくてもよくなります。
手順は次のとおりです。

1. まずは画面共有して児童生徒に見せたいタブを表示します。

2. そのタブの部分をマウスの左ボタンをクリックして選択し、そのまま画面下へドラッグします。

3. 指を離してドロップすると、今まで並んで表示されていたタブの列から離れて、画面共有しているタブだけが独立したウィンドウになります。

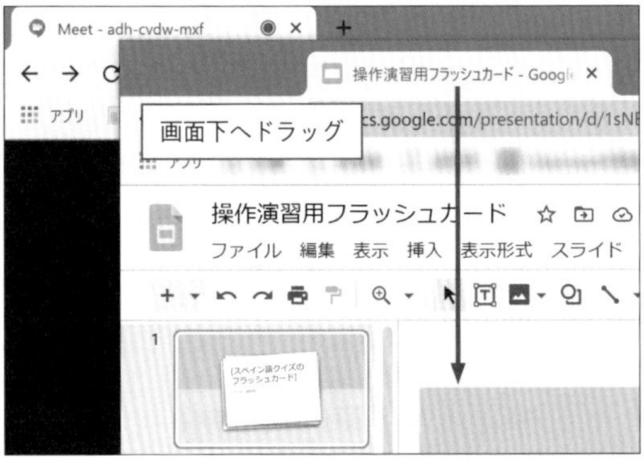

4. Meet のタブがあるウィンドウと独立させたウィンドウ、2つのウィンドウが重なって表示された状態になっているわけです。これを、それぞれ半分のサイズにし、2つ並べて、同時に表示させれば、マルチウィンドウの完成です。

手前に見えているウィンドウは、「全画面表示」になっているので、画面右上にあるアイコン[元に戻す(縮小)]をクリックして、ちょうどよいサイズにドラッグして調整します。

さらに、これを左右どちらかへ移動しておきます。

次に、Meet のタブに戻り、こちらも画面右上にあるアイコン「元に戻す(縮小)」をクリックします。小さくなったら、空いているスペースにウィンドウをドラッグして置きます。

これで Meet の児童生徒の反応を確かめながら、操作できます。

スマホとの2台使い

マルチウィンドウはわかったけれど、画面が小さくなって操作がしにくい！

はい。そのとおりです。やはりもっと広々と画面を使いたいですよね。

そんなときにおすすめなのが、スマホやタブレットからも Meet へアクセスする方法です。つまり、合計2台で参加するということです。

画面の小さいスマホやタブレットは、児童生徒の様子をモニタリングするための Meet 専用端末として利用します。基本的にこの2台目の端末では操作等は行いません。

利用法としては次の2点です。

- **児童生徒が見ている画面と同じ画面を確認するために利用する**
  たとえば、画面を固定表示（共有）したときに、それがきちんと反映されているかを確認したり、反映されるまでの表示の遅れがどれくらいあるのかを確認する。
- **児童生徒が聴いている音声を確認するために利用する**
  たとえば、自分の声がきちんと児童生徒に届いているのかを確認する。

ここで、注意すべきことが1つだけあります。2台の端末で Meet を使用する場合、2台目の端末については次の対応が必要となります。

・2台目の端末の Meet のマイクをオフにする
・2台目の端末にイヤホン（マイクなしでもOK）を挿しておく

この対応をしておかないと、「キーン！！！」という耳障りな音、「ハウリング」が発生し、授業どころではなくなります。十分に注意ください。

「ハウリング」については、同じ部屋、空間で、複数名が同じ Meet 会議に参加する場合にも発生します。

ハウリングが発生すると、しばらく混乱が続き、時間を無駄にしてしまいます。

Meet に参加する場合は、教師も児童生徒も、「マイク付きイヤホンなどを利用する」というルールにしておくと、不要な混乱を避けることができおすすめです。

この節では、Meet の使い方を説明してきました。

操作がわかりにくければ、YouTube にも動画による解説がいろいろとアップされています。ぜひキーワード検索してみてくださいね。

オンライン学習の場面

2 テスト

学びを個別最適化する

使用アプリ

Google フォーム

使い方のポイント

学んだことを確認し、振り返る

- フォームでテストをつくる
- 正解／不正解後の学びを誘導する
- フォームで分岐型のテストをつくる

教育現場では、学年や教科ごとに、さまざまなテストが作成されています。

これまではすべて紙ベースでした。第1章でも触れましたが、もう一度復習すると、

問題作成 ➡ **印刷** ➡ **実施** ➡ **採点** ➡ **結果を転記** ➡ **返却**

という手順で行っています。児童生徒へのフィードバックに至るまでいくつもの工程を経なくてはいけないため、手間も時間もかかります。毎日のことですから、この作業を短縮したり省力化できれば大きいですよね。

Google フォーム（以下、フォーム）を使うと、次の手順でできてしまいます。

問題作成 ➡ **実施（投稿）**

つまり「印刷」が必要なくなり、**ペーパーレス、そして「採点」・「結果を転記」・「返却」の部分がすべて自動化される**のです。ペーパーレスなので配ったり回収したりする必要もありません。「小テスト」「ふりかえり」「まとめ」といった授業の終わりに行う内容を フォーム で時短できます。

さらに、フォーム ならではのメリットもあります。

テーマや背景を変更したり、画像や YouTube 動画を取り込んだ問題を手軽に出題したりと、**カスタマイズが自由自在**です。

実際、**回答に応じて次の質問を変える「分岐型」**も作成できますし、**自動採点され、間違えた問題へのフィードバックをあらかじめ設定しておく**ことまでできるんです。

第1章では、フォーム を使って、児童生徒の相互評価という場面で活用する方法について紹介しましたが、第2章では、このアプリを**「テスト」に活用**する方法をご紹介します。

オンラインテストであれば、いつでもどこでも実施できますし、何度も繰り返し活用できます。他の教師を共同編集者に指名して、協力して問題を作成することも簡単です。

テストは、成績をつけるためではなく、そのテストを受けた時点での力量を図るため

のものです。その意味に特化すると、オンラインテストは手間がかからず、いつでもどこでも何度でも受けることができるという、とても効率的で合理的なものです。

では フォーム でのテストを作ってみましょう。

Google フォーム でテストをつくる

教師による フォーム の作成、そして生徒による解答は、どちらもPCだけではなく、スマホやタブレット端末からも可能です。

第1章ではPCによる操作を紹介しましたので、2章ではスマホでの操作を解説します。

スマホやタブレット端末で Google アプリを使う場合、通常、個々のアプリをインストールします。しかし、フォーム にはアプリがありません。アプリがない？ でも大丈夫。実は、スマホでも、Google Chrome や Safari などのブラウザから フォーム を立ち上げることができます。ここでは動画を見て解答させるテストを作ってみましょう。

memo
似ている名前のアプリがありますが、開発元は Google ではありませんので、ご注意ください。

フォーム で「テスト」を作るポイント

フォーム によるテスト作成は、アンケート作成の際の「質問」と「回答方式」に加えて「正解」をセットにします。「正解」を加えることで自動採点機能が有効になります。

そして、通常の フォーム は、「アンケート形式」なので、**「テスト形式」に変換**しなくてはなりません。ただし、「テスト形式」に変換するのは、“質問（テストでは問題）と回答（テストでは解答）方式を入力してから”がおすすめです。**“問題と解答”が決まってから、“正解とフィードバック”を設定するとスムーズ**だからです。

ここでは、動画を見てからテストに解答するという想定でテストを作っていきます。

memo
Google for Educucation チャンネルに、オンラインリテラシーのための動画が提供されています。日本語による音声動画なので、この短い動画を見てから、テストに解答します。

▼フォーム によるテスト作成の手順

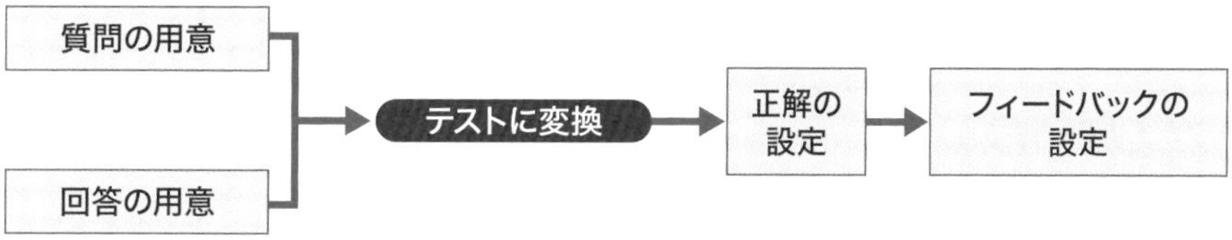

スマホから フォーム を作成する

PCでは、Googleのサイトの画面右上のランチャーから［フォーム］アイコンをクリックして立ち上げ、フォームを新規作成していきました。しかし、スマホのモバイルブラウザには、ランチャーは表示されません。

なので、ブラウザで直接 **forms.google.com** と入力してアクセスしてください。新しいフォームが自動的に開きます。

フォームを立ち上げたら、画面をタップすると、入力画面に変化します。まずはタップして選択、「今からこの質問を操作しますよ」とアプリに意思表示します。

1. このファイルのタイトルを［無題のフォーム］（❶）に入力します。ここでは、「デジタル・シティズンシップ」と入力します。

2. 続いて無題の質問をタップし、❷の質問フィールドに問題文と選択肢を設定します。無題の質問のところに「問．次の4つの中から"情報の真偽"を見極めるためにすべきことをすべて選びなさい。」と入力します。回答方式は、［チェックボックス］を指定し、4つの選択肢から当てはまるものをすべて選ばせる複数回答にします。

point
別のファイルに問題や選択肢の内容を入力し、事前準備しておけば、コピペで一括入力できる、というのは、第1章でも紹介したとおりです。

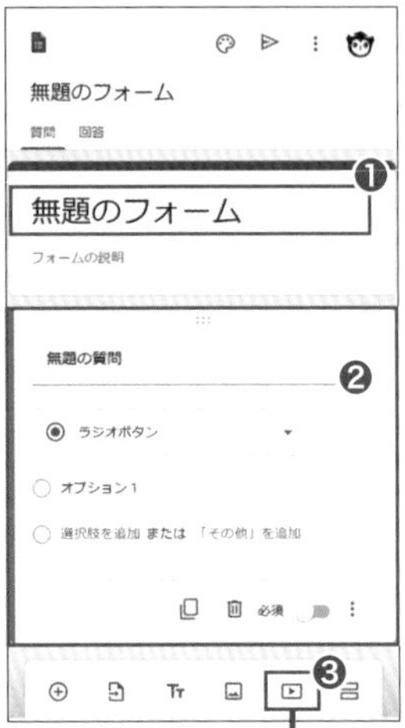

3. ［動画を追加］（❸）をクリックし、YouTube から直接フォームに挿入します。今回使用する動画は限定公開なので、検索にはヒットしません。以下のURLを入力し［選択］をクリックします。

https://youtu.be/uVtFnOEdDIU

4. 動画を挿入できたら、動画のタイトル部分には「次の動画をみて、下の問いに答えなさい」と入力しておきます。

5. 3で追加した動画は、2の問題より前に提示したいので、ドラッグ＆ドロップで表示順を変更します。質問フィールドの上部にある6つ点 ⠿ をタップしたまま❷の上までドラッグして、指を離します。

memo
PCの場合は、質問フィールドの上部にある ⠿ にマウスポインタを近づけると、 から に変化します。その状態でドラッグ＆ドロップして移動することができます。

問題と解答を入力したので、いよいよこのフォームをテストに変換しましょう。

テストに変換する

フォームをテストに変換するには、次のように操作します。

1. 画面右上の ⋮ ［その他］をタップし、メニューから［ 設定］をタップします。

2. 右のような設定画面が開くので、上部に並んでいるメニューから［テスト］をタップして選びます（❶）。

3. 次に［テストにする］をタップして、テスト機能を有効にします（❷）。

この画面で、「成績の表示」をいつにするか（❸）、また「回答者が表示できる項目」として、［不正解だった質問］、［正解］、［点数］を選択する（複数選択可）ことができます（❹）。

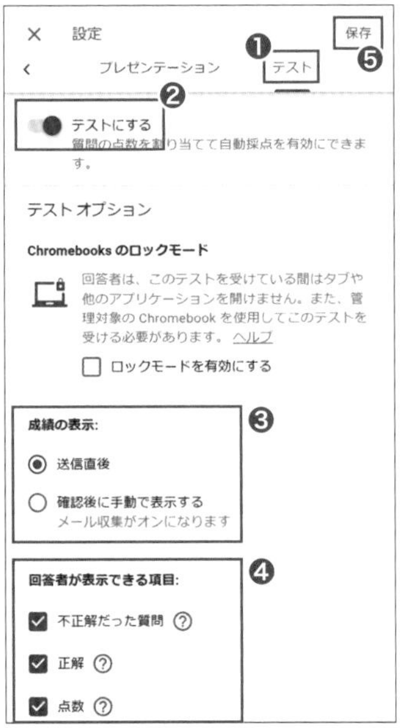

memo
「Chromebooks のロックモード」とは
ロックモードを使用すると、生徒は解答を送信するまで Chrome ブラウザのテスト画面からの他の画面への移動ができなくなります。
この機能を有効にすると、教師はチェックボックスをオンにするだけでロックモードに切り替えることができるので、課題を効率的に管理できます。

memo
? をタップすると、対象の項目のヒントが表示されます。

4. 完了したら、[保存]をタップして確定します(❺)。
これでテスト形式のフォームになりました。

解答や配点、フィードバックを設定する

下図のように、先ほど編集したばかりの画面の中に、先ほどまではなかった[合計点](❶)や、正解や教師からのフィードバックを登録する[解答集を作成](❷)というものが表示されてきます。

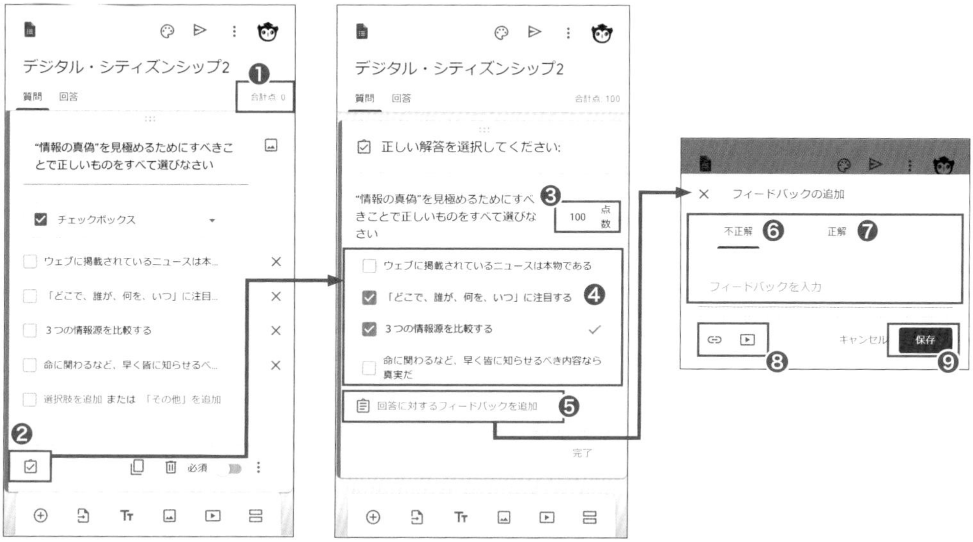

memo
回答に対するフィードバックについては、次項で具体的に解説します。

[解答集を作成](❷)をクリックすると、各問題の配点、正解、フィードバックを登録できます。

各問題の配点は右上に数値を入力(❸)、正解は選択肢をタップして設定します(❹)。

[回答に対するフィードバックを追加](❺)をタップすると、右の編集画面が開きます。[不正解](❻)に対して「不正解者に対するフィードバック」を入力したら、[正解]をタップして(❼)、「正解者に対するフィードバック」を入力します。

memo
ファイルは、リアルタイムでGoogleドライブに自動保存されています。そのため、PCからでも同じファイルの最新版を確認できます。作業の続きをいつでもどの端末からでも再開できます。

余裕があれば、児童生徒が間違えた質問には、復習しておくべき教材やサイトへのリンクや動画を(❽)、また、正解だった質問には、さらにステップアップできるコンテンツを追加しておくと、個別の課題に取り組む学習を推進する教材を増やすことができます。

完成したら、[保存](❾)で確定します。もちろん何度でも修正可能です。

作成したテストはテンプレートとして使えます。毎回、一から作成するよりも効率が上がりますね。他の先生方と共有すれば、さらに生産性がアップします。

以上でテストの完成です。

プレビューで児童生徒からどう見えるのか確認する

フォームが完成したら、児童生徒たちからは、どのように見えるのかを確認してみましょう。

point
配付する前にできれば、一度プレビューから問題を解いてみて、想定どおり操作できているかを確認してください。

1. 右上の ⋮ をタップし、メニューから、[プレビュー] をタップします。
2. 右のような画面が表示されます。これが「テスト」として子どもたちが受ける画面となります。
3. プレビュー画面で確認が済んだらそのタブを閉じます。最後に画面上部の [テーマをカスタマイズ] をタップすると (❶)、テーマやヘッダー画像等をカスタマイズできます。
「いつも同じ紫のフォーム」ではなく、印象を変えて、児童生徒の興味を惹いてみましょう。

正解・不正解後の学びを誘導する

このようにしてフォームを使うことによって、児童生徒の現時点での理解度がどういったものかということが簡単に把握できます。

リアルな学校の場面では、テストの結果を見ることによって児童生徒の理解度がわかり、その子のその状態に応じて次にどう指導するか、ということはその場で指示しやすいですよね。しかし休校の場合のように、直接的に会うことがままならないという状況においては、この1回1回のテストをさらに有効に活用したいものです。

フォームには、正解だった場合、不正解だった場合に応じて別々に次の問題を設定することができます。

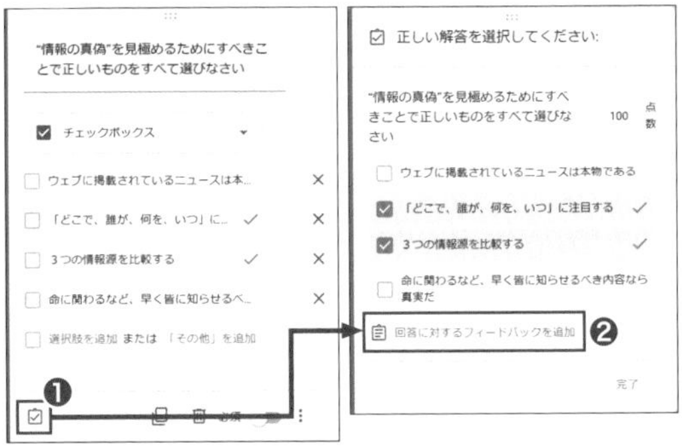

1. 質問を編集する画面で [解答集を作成] をクリックし (❶)、[回答に対するフィードバックの追加] をク

リックします（❷）。

2. ［フィードバックの追加］というポップアップが表示されます。

ここで、**「正解」「不正解」それぞれの場合に応じてのフィードバックを設定する**ことができます。またこれは、文章入力だけでなく、**リンクや YouTube 動画を設定する**ことができます。

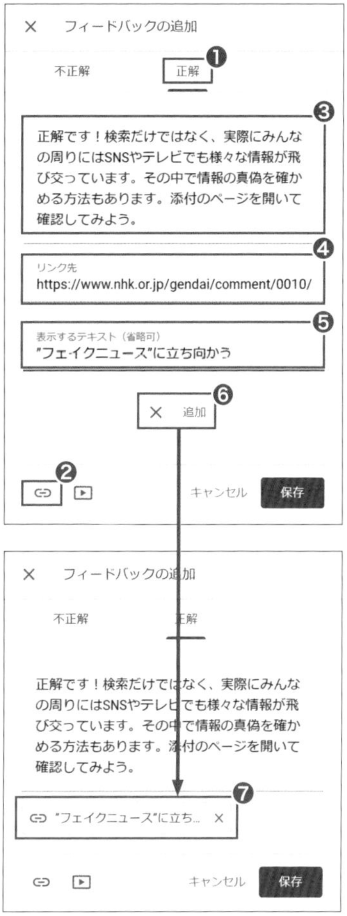

【正解の場合のフィードバック】

たとえば、「正解」だった児童生徒に対しては、さらに学びを深めてもらうために検索以外の情報の真偽を確かめる方法を学べるウェブページや YouTube 動画への誘導が考えられます。

ここでは、ネット検索以外の身の回りの情報の真偽について確認する方法を、たとえば、NHKのホームページへ誘導し学習できるようにしてみます。

［正解］のタブをクリックし（❶）、［リンク］をクリック（❷）、正解の場合のフィードバックを入力し（❸）、［リンク先］のURL（❹）、［表示するテキスト］（❺）を入力し、［追加］（❻）をクリックすると正解の場合のフィードバックが追加されます（❼）。

【不正解の場合のフィードバック】

「不正解」だった児童生徒に対しては、ネット検索の情報の真偽について理解が不足しているため、今回の例であれば、より詳しく解説している Google が無料で公開している学習サイトへ誘導したり、フォームの冒頭で使用した動画を再度見るように指導することで、理解を深めるよう導くことができます。

リンクの添付は先ほどと同じ手順でできます。

動画の添付手順は、次ページの画面左下の動画アイコンをクリックし（❶）、動画を選択する画面で今回はフォームの冒頭に挿入した動画のURLを指定して（❷）、最後に［選択］をクリックします（❸）。

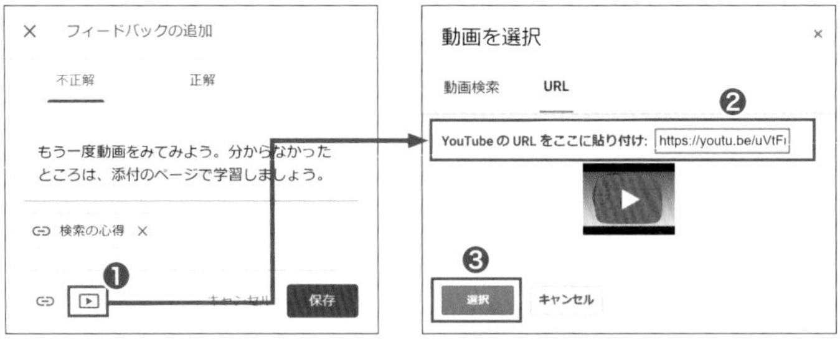

リンクと動画を添付すると下図のような状態になります。最後に[保存]をクリックして完了です。

このように、正解だった子に対しての更なる発展的な学び、不正解だった子に対しての学び直し、といったことを簡単に仕掛けることができます。

しかも一度設定すれば繰り返し使えますし、教師同士で協力して編集することもできます。

フォームの**解答方法やフィードバックを工夫**することによって、**児童生徒への指導の個別最適化**がどんどんと進化、発展させることができるでしょう。

とはいえ、**「凝りすぎないこと」が長続きするコツ**です（笑）。

デジタル化は、多様なデータを複合的、連続的に収集、分析できる環境をつくります。児童生徒の学習状況を判断する材料が可視化され、教師はより自信を持って指導を行うことができます。保護者に説明する際の材料として活用することで、説得力も増します。

Google フォーム で分岐型のテストをつくる

前項までの解答方法やフィードバックの組み合わせの工夫とはまた異なる方法で、個別最適化したテストを作ることができます。

それは**解答の内容によって、次の質問を変える**、というものです。質問に対して正解を解答した児童生徒にはさらに発展的な質問を設定し、解答が不正解だった児童生徒には学び直しを促す質問を設定するといったものを作ってみましょう。

▼解答の内容によって、次の質問を変える

それでは、**forms.google.com** にアクセスして新しいフォームを開きます。

セクションを使い1つ1つの質問を準備する

〖分岐の元となる質問Aを作成〗

はじめに、分岐の元となる質問Aを作成していきましょう。

まずはタイトルを入力します（❶）。解答方式は［ラジオボタン］を選択します（❷）。質問を入力し（❸）、選択肢（❹）を入力します。

質問Aの回答結果により次に進むので、ここでは［必須］を設定（❺）しておきます。

ここで、質問Aについての解答集の作成も済ませておきます。

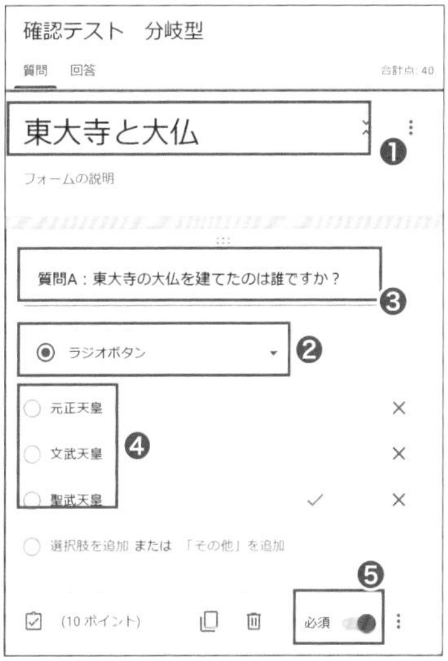

〖正解の場合の、発展的な質問を作成〗

最初の質問が正解だった場合、次に続く発展的な質問を作りましょう。

1. フォームの下部にあるメニューから ［セクションを追加］をタップします。

2.「2個目のセクション」が表示されます。

正解だった子どもに対し、さらに発展的な思考を促すために、画像を見て答える問題にしてみましょう。タイトルを「発展問題」とします(❶)。続けて、[画像を追加]をタップします(❷)

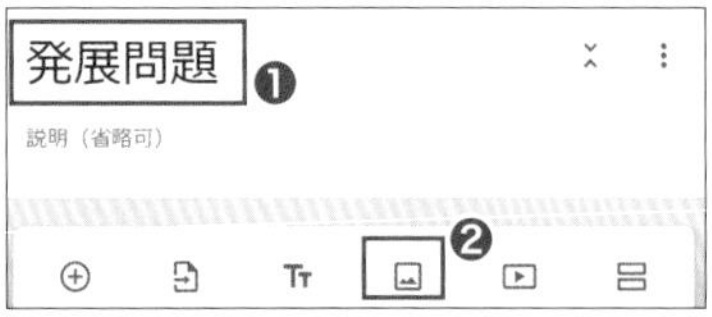

3. Google 画像検索で「東大寺　大仏」と検索して(❸)、大仏の画像を選び(❹)、[挿入]をタップします(❺)。

4. 画像のタイトルを入力し、[質問を追加]をタップします(❻)。

5. 質問Bを入力し(❼)、回答方式を設定します。ここではより発展的な思考を促すために[段落]を指定し(❽)、記述式の解答にします。

また、解答集の作成も済ませておきます。

以上で質問Aに正解した児童生徒への発展的な学びの質問Bを設定できました。

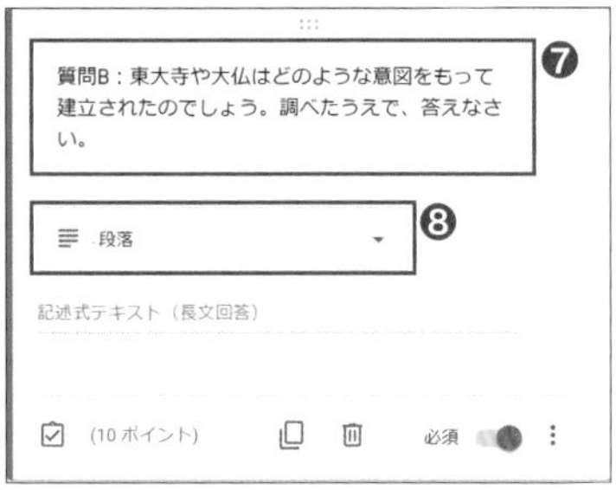

【不正解の場合の、学び直しの質問を作成】

続いて、質問Aに不正解だった児童生徒への学び直しを促す質問Cを作りましょう。

1. 質問Bと同様に[セクションを追加]をタップします。そうすると「3個目のセクション」が出てきます。ここではタイトルを「再確認テスト」とします(❶)。

2. わかりやすくするために、動画を見てから答えるように設定しましょう。[動画を追加]をタップします(❷)。

3. [動画検索]で検索し(❸)、最適なものを選びましょう。

4. 動画のタイトルを入力し、⊕［質問を追加］をタップします（❹）。

参照

出典

【奈良時代】45 聖武天皇の一生から奈良の大仏が作られた経緯を見る【見て覚える日本史シリーズ】（「YouTube高校」チャンネル）

https://www.youtube.com/watch?v=FWgYPdg_c-U

5. 質問Cを入力し（❺）、回答方式を設定します。今回は学び直しでもあるので、複数回答可能な「チェックボックス」を指定します（❻）。

解答集の作成も忘れずに行っておきます。

ここまでで、最初の質問Aに対して、正解あるいは不正解の児童生徒へのそれぞれへの質問Bと質問Cができました。

条件分岐を設定する

いよいよ、条件分岐の設定です。今回は最初の質問Aで条件分岐することを想定していました。

▼最初の質問Aで条件分岐する

条件分岐を実現するためには、その分岐の元となる質問Aで次のように［回答に応じてセクションに移動］を有効にする必要があります。

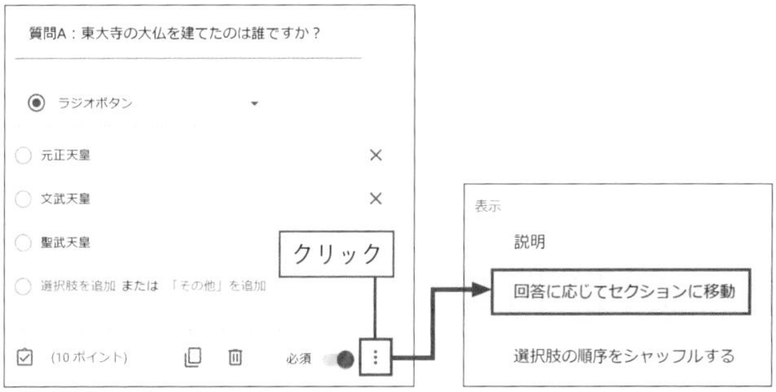

［回答に応じてセクションに移動］を有効にすると、左下図のように［次のセクションに進む］というプルダウンが各選択肢の傍に表示されます。つまり、**選択肢ごとに次に進むセクションを指定できる**、ということです。これにより、**条件分岐を実現**しています。

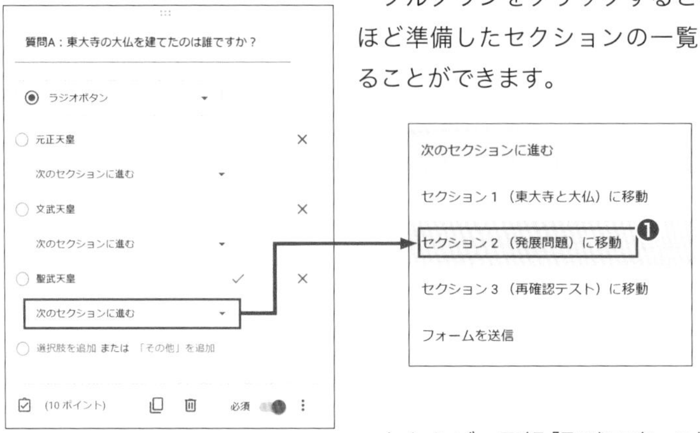

プルダウンをクリックすると右下図のように、先ほど準備したセクションの一覧が表示され、選択することができます。

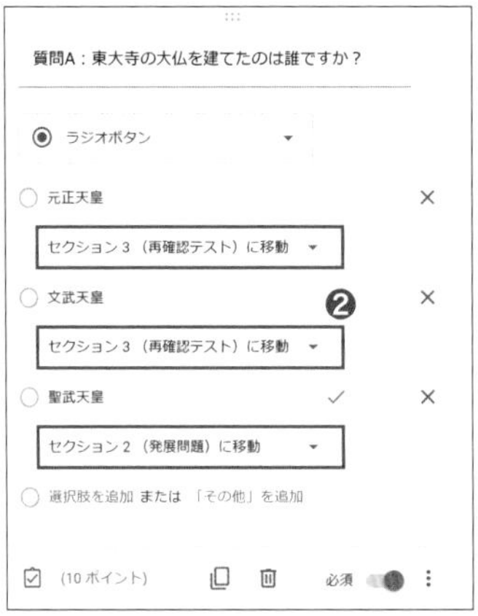

たとえば、正解「聖武天皇」の場合は、質問Bの「発展問題」へと続けたいので、その設定をします。「セクション2（発展問題）に移動」を選択します（❶）。

不正解「元正天皇」「文武天皇」の場合は、質問Cの「再確認テスト」へと続けたいので、その設定をします（❷）。

最終的には左図のようになります。

以上、回答の内容によって、次の質問を設定していく、分岐型のGoogleフォームの作成方法を解説しました。うまく設定できなかった場合や表示される画面が違うという場合には、Google検索して最新の情報をご確認ください。

分岐型のテストは、現時点での児童生徒の力の確認をしたうえで、さらに次の一歩をどう踏み出したらよいのかを、具体的に提示できます。児童生徒の能力や特性に応じた復習、発展学習教材を、紙・デジタル・動画・アプリなどを提示し、学びやすい形で提供することができます。

学びのスピードやペース、方法を、学習者に合わせることができるため、児童生徒の意欲も引き出しやすくなるでしょう。

また、自動で収集されるデータから、問題ごとの正答率だけでなく、間違え方のパターンを労せず把握できるため、教師はクラスや個人ごとの迅速な状況把握ができるようになります。

オンライン学習の場面

3 教材

学びの材料を1ヶ所に集約

使用アプリ

Google ドキュメント

使い方のポイント

学びの場づくりを G Suite for Education で

- MMTS（Multi-Media Text Sets）をつくる
- ドキュメントのコメント機能でアドバイス

memo

YouTube 上でライブ配信をすることができます。ウェブカメラを搭載したノートPCがあれば手軽に始めることができます。配信終了後、配信した映像は自動で YouTube に保存されます。

オンライン授業には、「**同時双方向型の授業**」と「**オンデマンド型授業**」があります。

「**同時双方向型の授業**」は、Google Meet や YouTube ライブ などを使い、映像や音声データを送受信し、**教員と児童生徒が同時にコミュニケーションをとりながら授業を行う**スタイルです。リアルタイムで、対面で行う授業に近い形で行えますが、2020年春の急な休校では、環境やスキルが整わず、実施が難しい学校もあったようです。

「**オンデマンド型授業**」は、**インターネットで教材や課題を配信し、児童生徒がそれを使い学ぶ**スタイルです。この方法ですと、通信状況が悪くて授業に参加できないということもなく、また低学年児が保護者のいる時間に行えるなど、**受ける側が状況に合わせて取り組むことが可能**です。

ここでは、児童生徒が自分自身で学びを進めるスタイルを、G Suite for Education を使って教師がうまくナビゲートする「オンデマンド型授業」の方法についてご紹介します。

「オンデマンド型授業」は、児童生徒に伝授する「**知識**」と、児童生徒が自分で手を動かし考える「**活動**」を組み合わせることによって、離れた場所からでもインタラクティブな授業を実現させる新しい学びのスタイルです。「知識」は、従来の講義にあたります。

本節では、児童生徒の学びに必要な材料「知識」と、学びを深めるための具体的な手順「活動」をオンラインでわかりやすく提供するためのテクニックを知り、児童生徒を惹きつけるインタラクティブな教材づくりについて解説します。

Google ドキュメント（以下、ドキュメント）を使って「知識」と「活動」を指示する教材、**MMTS**（Multi-Media Text Sets）をつくってみましょう。

次ページにMMTSの一例を示します。

今回提示する例では**イラストや写真などでビジュアルに、2列の表で構成**します。左の列には「知識」や「活動」の指示、そして、右の列には、児童生徒が自分で回答を書き込めるようになっています。

▼MMTS 教材の例

災害時の避難所について考える

質問・相談など
：クラスのMeetへ。(月)～(金)14:00～16:50　開放中

年　　組　　氏名：

＜やること＞	＜回答欄＞
ステップ 1 **動画を見て、自分の考えをまとめます。** 次の動画を見て、災害時の避難所生活を行う上で大切なことを３つ答えなさい。	① ② ③
ステップ 2 **自分の考えを客観的に見つめます。** ステップ１で回答した自分の考えに対して、“批判的な考え”を検討してみよう。 批判的とは「反対」や「100%賛成できない」といった立場から考えてみよう。	答えた３つに対してそれぞれ１つ以上挙げてみよう ① ② ③
ステップ 3 **自分の考えの正当性を確認します。** ステップ１、２と進む中で、改めて自分の考えを３つ挙げ、その「根拠」となる文書を、Google Scholar から１つ以上挙げましょう。	根拠となる文書 タイトルにURLをリンクさせます。 ① ② ③
ステップ 4 **自分の考えを他者に納得してもらえるように表現します。** ステップ１～３を経て、あなたの最も主張したい考えを一つ選択し、その理由を３つ添えて６００文字以内で、ドキュメントにまとめて答えなさい。	回答の型は、以下を参考にして書きましょう。 私は～と考える。 その理由は３つあります。 ひとつめは～。 ふたつめは～。 みっつめは～。 たしかに～との考えもあるが、～と考える。 したがって、私は～と考える。
ステップ 5 **自分の考えが他者にどれだけ伝わったか確認します。** ステップ４で書いたものをテキストとして、Googleスライドでまとめてみましょう。	内容は、スライド3枚で、動画で1枚、根拠となる文書で1枚、画像入りの説明文を１枚、で作成しましょう。 作成したスライド：スライドテンプレート

※ヒント：
- 「災害 避難所 問題」などのキーワードから検索して、アイデアを仕入れましょう。
- 意見だけでは論理的な文章になりません。必ず根拠が必要です。「根拠」とは、誰が見ても明らかな証拠資料（客観的な事実・科学的なデータ）のこと。自分が経験した事実は、自分しか知らないことで、第三者が確かめようがないため「根拠」にはなりません。

参照
こちらのサンプルは、EDLのサイトからダウンロードできます。
詳しくは196ページ。

この例では、自然災害が多発している昨今、いつ自分ごとになるかもしれない「災害時の避難所」をテーマに取り上げてみました。児童生徒が情報を収集し、根拠を整理することを通して、あらためて課題について考えを広げ、深められるとともに、自分の意見を明確にすることができます。児童生徒が、自分のペースで、一つずつ取り組んでいくうちに、自ら気づき、理解を深められる仕組みをつくることができます。

では、このサンプルのMMTSを一緒に作成してみましょう。

MMTS(Multi-Media Text Sets)作成のポイント

MMTS(マルチメディア・テキスト・セット)とは、ひとつのテーマ、トピックについて、文字どおり、さまざまなメディアを文字にリンクしてセットした教材です。さまざまなメディアとは、ウェブサイト、画像や動画・音声ファイル、PDF等を指します。

今回のサンプルMMTSでは、Meet 会議リンク、動画、検索サイト(Google Scholar™)、ドキュメント、そして スライド へのリンクを埋め込んでいます。

児童生徒に1週間ほど時間をかけて、じっくりと自ら取り組むものとして作った資料です。

ここでの作成のポイントは3つです。

1. **表で作成する**
2. **画像のサムネイルを使用して好奇心を高める**
3. **文字や画像にリンクを設定する**

作成の前に、今回のMMTSで、児童生徒にどのような力を付けてほしいのかを確認しましょう。

児童生徒に身に付けてほしい力をイメージする

今回のサンプルMMTSでは、児童生徒に身に付けてほしい力を以下のようにイメージしました。

- 自分から学んでいく力
- 考える力
- 探求していく力
- 自分の考えを客観視する力
- **自分の考えを伝える力**

以上の力を付けるために、5段階のステップを設定することにしましょう。

① 動画を見て、自分考えをまとめます。
② 自分の考えを客観的に見つめます。
③ 自分の考えの正当性を確認します。
④ 自分の考えを他者に納得してもらえるように表現します。
⑤ 自分の考えが他者にどれだけ伝わったか確認します。

memo
MMTSは スプレッドシートやスライドなどで作成してもOKです。

各ステップを、今回は Google の文書作成アプリである ドキュメント に資料としてまとめていきます。

Googleドキュメント に画像を挿入する

では、実際に ドキュメント でMMTSを作成していきましょう。

1. ランチャーを開き、ドキュメント アイコンをクリックして立ち上げます。
2. [新しいドキュメントを作成] の「空白」をクリックすると、ドキュメント の画面が開きます。
3. 左上の「無題の ドキュメント」をクリックしてタイトルを変更しましょう。ここでは、“MMTS資料「災害時の避難所」”と入力します (❶)。
4. 続いて本文のタイトルを「災害時の避難所について考える」と入力します (❷)。タイトルが目立つよう、フォントサイズを「36」に変更し (❸)、B [太字] (❹) を設定します。

memo

操作を間違えたときは、❽の [元に戻す] を1クリックすると1つ前に行った操作を取り消すことができます。[やり直し] は戻しすぎたときに1操作やり直せます。

memo

❾からフォントを変更・追加できます。追加する場合は❾をクリックして [その他のフォント] をクリック。すると追加可能なフォントの一覧が表示されますので、[文字] から日本語を選択して、追加したいものを選択し [OK] ボタンをクリックしましょう。

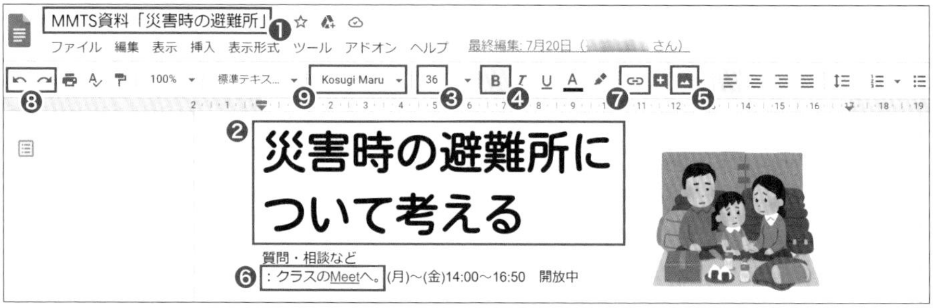

5. 続いてイラストを挿入します。[画像の挿入] (❺) をクリックし、ウェブから検索を選択するか、保存しておいたイラストを選択します。
6. Meet の会議リンクは、「クラスの Meet へ」と文字を入力したあとで (❻)、範囲指定し、[リンクを挿入] (❼) をクリックしてURLを追加します。

【画像のカスタマイズ設定】

挿入した画像は、クリックして選択すると、青い枠が表示され (❶)、その状態で、さまざまなカスタマイズ設定が行えます。

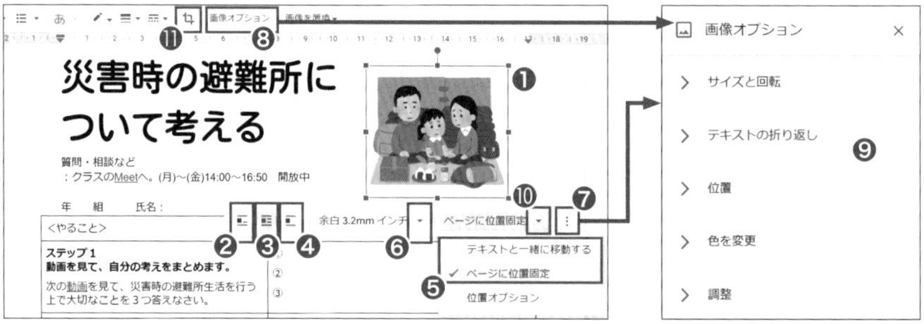

- **画像のレイアウトの変更**

［行内］(❷)、［テキストを折り返す］(❸)、［上下］(❹)で変更できます。実際にやってみると何が違うのか確認できますが、画像の横にテキストを入れてレイアウトしたい場合には［テキストを折り返す］を選択します。

- **画像の位置の設定**

［テキストを折り返す］(❸)または［上下］(❹)を選択した場合は、❺の［テキストと一緒に移動する］、［ページに位置固定］で画像の位置を設定できます。

- **画像の余白の変更**

(❻)をクリックすると、画像の余白の幅を変更できます。

- **画像オプション**

(❼)をクリック、または［画像オプション］(❽)をクリックすると、画像を設定するオプションが画面右側にすべて表示されます(❾)。ここから色を変更したり、半透明にすることもできます。また、サイズを変えたり、回転させたりもできます。

- **画像のトリミング**

画像はダブルクリックでトリミングもできます。画面上部の(⓫)をクリックしても同じ状態になります。

Googleドキュメントに表を挿入する

次に表を挿入します。

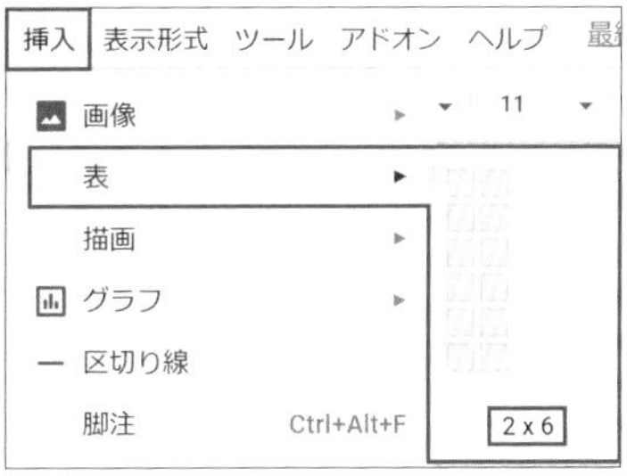

1. メニューバーの［挿入］から［表］を選択すると、枠組が表示されるので、ドラッグして指定します。今回は2×6(2列6行)の表を作ります。

2. 表が追加できたら、1列目に指示事項、2列目に回答欄を入力します。

<やること>	<回答欄>
ステップ1 **動画を見て、自分の考えをまとめます。** 次の動画を見て、災害時の避難所生活を行う上で大切なことを3つ答えなさい。	① ② ③
ステップ2 **自分の考えを客観的に見つめます。** ステップ1で回答した自分の考えに対して、"批判的な考え"を検討してみよう。 批判的とは「反対」や「100%賛成できない」といった立場から考えてみよう。	答えた3つに対してそれぞれ1つ以上挙げてみよう ① ② ③
ステップ3 **自分の考えの正当性を確認します。** ステップ1、2と進む中で、改めて自分の考えを3つ挙げ、その「根拠」となる文書を、Google Scholarから1つ以上挙げましょう。	根拠となる文書 タイトルにURLをリンクさせます。 ① ② ③
ステップ4 **自分の考えを他者に納得してもらえるように表現します。** ステップ1～3を経て、あなたの最も主張したい考えを一つ選択し、その理由を3つ添えて600文字以内で、ドキュメントにまとめて答えなさい。	回答の型は、以下を参考にして書きましょう。 私は～と考える。 その理由は3つあります。 ひとつめは～。 ふたつめは～。 みっつめは～。 たしかに～との考えもあるが、～と考える。 したがって、私は～と考える。
ステップ5 **自分の考えが他者にどれだけ伝わったか確認します。** ステップ4で書いたものをテキストとして、Googleスライドでまとめてみましょう。	内容は、スライド3枚で、動画で1枚、根拠となる文書で1枚、画像入りの説明文を1枚、で作成しましょう。 作成したスライド：スライドテンプレート

【Google Scholar（スカラー）とは】

今回のMMTSサンプルでは、「ステップ3」で、自分の考えの根拠となる資料を「Google Scholar」を使って資料を検索することをナビゲートしています。この Google Scholar とは、Google が提供する論文検索エンジンのことです。

従来の Google 検索エンジンと同様に、任意のキーワードを入力すると、関連性の高い検索結果を表示してくれます。さらに検索結果は、引用された回数の多い順に並べられ、有用な論文を見つけることができます。客観的な事実であったり、科学的なデータや情報を見つけたいときは、Google Scholar を使ってみるのもよいかもしれません。

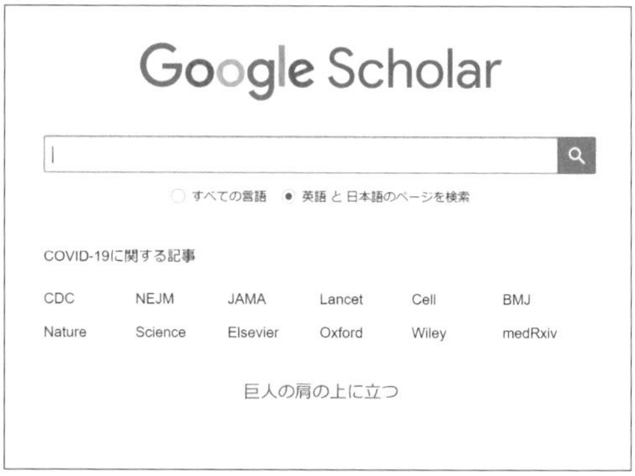

Google ドキュメント のコメント機能でアドバイス

ドキュメント は、他の G Suite と同様、複数名でリアルタイムに同時編集ができ、また、ファイルにコメントを入れてやり取りをすることも可能です。教師は、児童生徒が編集している経過を見ながら、コメントでアドバイスをすることができます。

コメントをつける方法は2種類あります。

ひとつはコメントをつけたいところにカーソルを置き、[挿入]（❶）から[コメント]（❷）を選択し、コメントする方法です。

もうひとつは、文書中の特定の文字列をドラッグして範囲指定すると（❶）、その右側に出てくるコメントを意味するアイコン（❷）をクリックして入力する方法です。

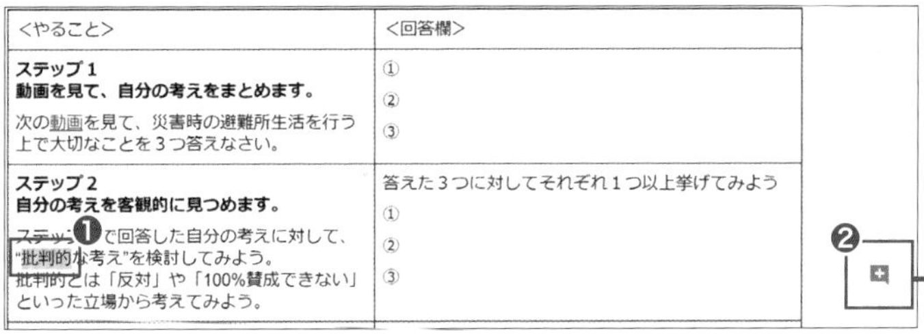

このコメントをつけることで、添削指導ができます。もちろん、児童生徒が資料をもとに学んでいる過程に対してアドバイスしたり、相談に乗ったりすることもできます。

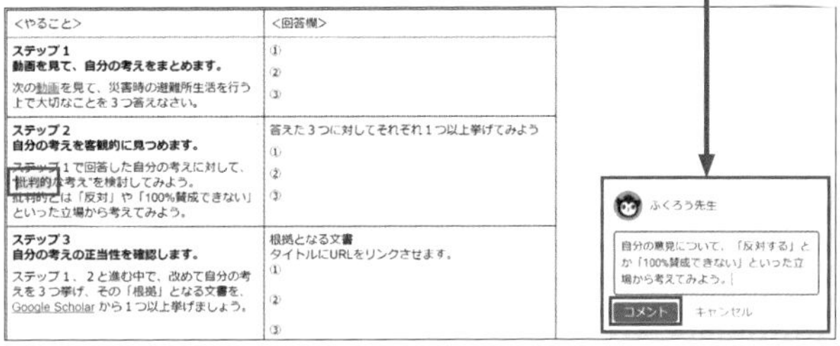

まとめ：学びを止めない「オンデマンド型授業」

このように、対面授業では当たり前だったことが難しいのでは？ と思っていた「オンライン授業」も、「オンデマンド型授業」の方式を採ることで、高度な撮影スキルや設備も不要となり、教師と児童生徒双方の取り組みへのハードルをグッと下げることができます。

そして、G Suite for Education の各種アプリを組み合わせて活用したり、効果的な教材を準備することで対面のときに近い授業が実現できるのです。みんなの前で発言するのが苦手な子、学校に来て教室で授業を受けられない子も、積極的に授業に参加できたという話も聞きます。

コロナ禍で1年先も世界がどうなるのか予測できない今、また休校が始まるかもしれない、始まったらいつまで続くかわからない。そんな状況において、平常時から非常時への移行対応、分散登校対応、非常時から平常時への移行対応といった各フェーズでの対応方法を検討しておく必要があります。

その検討において、本節で解説した「オンデマンド型授業」は有効な手段のひとつとなります。平常時より対面授業とオンライン学習を併用しておけば、いざというときスムーズにオンデマンド型授業に移行することができ、児童生徒とのコミュニケーションを保ちつつ、教育活動を継続することができます。

今からでも遅くはありません。予測できない未来に備えていきましょう。

活用事例紹介 ❷

自分の授業に合う使い方を実践
生徒の学びのスタイルが変わった！

～デジタルだからこそできることを授業に活かしてみる

常総学院 中学校・高等学校（茨城県）https://www.joso.ac.jp/jg/

■ これからの社会に備えてICT活用は不可欠

2018年より本格的にICT活用を推進しています。今年度（2020年度）は、それまで共用端末として学校に設置されていたPCに加え、中学は1人1台のChromebook、高校は学校全体で250台のChromebookが使える環境になっています。

現在の高度情報化社会に対応していくには、情報を有効に活用する能力が必要不可欠と考え、ICTをあらゆる場面で積極的に活用しています。高校も2021年度の新入生から1人1台のChromebookとし、2023年度には全員が1人1台使える環境になる予定です。

■ 紙ベースでは難しかったことが G Suite for Education を使うとできる!

アラン・カースウェル先生
高校英語科
ICT教育課長

G Suite for Education を使うと、紙ベースでは難しかったことができ、いろいろな可能性があると思っています。実際に使ってみて、たくさんのメリットや効果を感じています。**一番感じている効果は、紙では配付できない「動画」の活用**で、生徒たちが活動のゴールをイメージしやすくなったことです。

私の授業では、プレゼンテーションをする機会を多く設けています。プレゼンに取り掛かる前に、**参考になる YouTube 動画のリンクを ドキュメント にまとめ、Classroom から配信**しています。英語のプレゼン動画ですが、速度を調整したり、CC（Closed Caption＝音声と同期した字幕を付ける機能）を使ったり、生徒たちは自分に合わせて動画をコントロールしています。そうしたなかで、ネイティブの表現も自然に学ぶことができています。

Social Problem（社会的な問題）についての授業では、Google スライド のテンプレートを Classroom から配付し、作成してもらいました。

事前に Google ドキュメント で下書きをするのですが、共有しているので、経過を確認できますし、コメントを使用してアドバイスができます。**Classroom や Google ドキュメント にコメントを入れると、生徒たちはそれを見て、使用している Chromebook で調べたり、自発的な学びに繋がっています。**

最終的に3分間のプレゼンをしたのですが、どのプレゼンがよかったか一人ひとりが Classroom で投票するところまで行いました。生徒たちは自分が発信したことに対して反応があるということ、そしてそれがすぐに見られるということにわくわくしている様子でした。

G Suite for Education や Chromebook を使うと、学びのスタイルが広がります。生徒たちはどのパターンでも柔軟に対応してきますからね。新しい試みもどんどん行っていきたいと思っています。

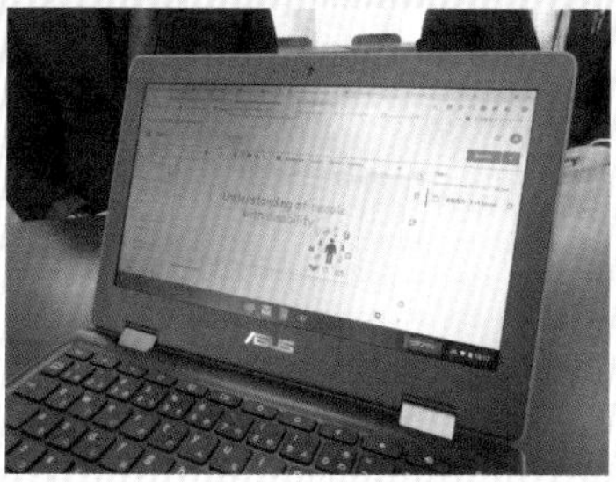

Chromebook を活用して学びのスタイルが広がっている

Jamboard をノート代わりに。生徒たちの取り組む過程を見ながら授業ができる

牧野絵美先生
高校数学科主任、学習指導課長

私は12人の少人数クラス、数学演習の授業で1人1台の Chromebook を使っています。授業のはじめに **Classroom からその日の Jamboard のファイルを配信**します。Jamboard は1ページ目に問題、2ページ目は解説等を書くために空けておき、3ページ目以降は1人1シートを割り当てて使っています。個人のページに1ページ目の問題を解いていきます。そのファイルは電子黒板で表示しているので、私はそれで個々のページを見ながら、マルを付けたり、ヒントを書き込んだりしていきます。

電子黒板で表示することで、生徒は緊張感をもって取り組む

Chromebook を使いこなし、Jamboard をノートのように使う

同じことを以前は、プリントを配って、ワンシートすべて解けてから持ってきてもらって添削……とやっていました。でも **Jamboard で行うと、配付も簡単ですし、解いている途中が見られるので声をかけやすくなります**。数学は手書きで解くことが絶対に必要なので、Jamboard はペンでノートのように使えるのがとてもよいです。生徒たちは、1ページ目の問題やその中にある図を、タッチペンツールを使って自分のページにコピーしたり、工夫して解いています。ツールの使い方は私が教えたのではありません。生徒たちが勝手に使い始めたんです（笑）。

以前は、小さいホワイトボードに班の回答をまとめて、黒板に貼って比較するような授業も行っていました。でもそれでは班のなかの得意な生徒だけが取り組んで、苦手な生徒は見ているだけになってしまうんです。

それが Jamboard を使うようになってなくなりました。マルをもらわないと次に進めないし、自分のページをほかの生徒に見られるという緊張感のようなものもあるので、何もしない生徒がいなくなりました。

効率的に、自主的に学ぶために、Chrome book が不可欠になっています。**Jamboard がノート代わり**です。

授業準備は隙間時間を有効利用

櫻井雅詞先生
中学理科主任、情報処理課長

授業準備がとても楽になりました。印刷して、配付して回収して……ということを考えると、**15分かかっていたことが1分**です！

印刷しなくてもよいのは本当に楽です。作成も、これまでは放課後に1〜2時間かけていたのですが、合間の時間にできるようになり、帰る時間も早くなっていると思います。**Google ドライブ に保存されているので、Chromebook があればどこからでも作業再開**できます。また、作成途中でも自動保存されるので、少しずつでも進めることができるんです。

いま、授業で使うワークシートをいろいろと作っています。来年度もまた使えるものもあるので、これからはもっと授業準備が楽になっていくと思います。

先日の授業では、実験のヒントを提示したり、班の解答を入力させたりという使い方をしました。ヒントは、Google スライド であらかじめ作成しておき、説明のときは電子黒板に拡大表示したものを使いました。図を一つひとつ黒板に書く必要がないので、すぐに説明ができます。
また、生徒たちは同じスライドを Chromebook で見られるので、実験中は机の上で確認をしていました。

■ 授業でも行事でも Chromebook を活用

中学1年生の1学期は、IDやパスワードの管理からなので、まず「使ってみよう」というところからスタートしました。いまは、Chromebook を使うことは特別なことではなく、こちらの指示があったときだけでなく、自分が必要なタイミングで使っています。

生徒たちは、行事等でも活用しています。校内選挙で広報を作成したときは、Google ドキュメントを Classroom で共有していました。作業を分担しながら進められ、とてもよかったです。授業でもそのほかの活動でも、いろいろな活用にチャレンジしています。

電子黒板に表示させた スライド で説明。実験中は、必要な画面を手元の Chromebook で確認

活用へのヒント　解決方法やトラブル対応は、校内での情報共有から

常総学院は、2019年7月〜2020年3月の間に4回、EDLのトレーニングを設定し、計76名の先生方が受講されました。受講した先生は、「多くの職員が同じ内容で受講し、お互いある程度のスキルを身につけられたということもあり、自分がやってみて上手くいかないことがあったときは周りの先生に言って、解決方法を共有できるようになりました」とおっしゃっていました。

ある学校では、校内のICTについて困ったら投稿する専用のチャット グループを作成したそうです。トラブルが起きたときも、リアルタイムで情報を共有できます。解決方法もあとから検索することが可能です。一人で使っていると、わからないことを検索するのも時間がかかります。同じようなトラブルで困っていることもあるかもしれません。使い方やトラブルの対処法など、校内でも上手く情報を共有できるとよいですね。

第3章

校内のコミュニケーションをICTで実現

教職員同士の連携・協働による組織的な教育活動を展開するための「新・校内コミュニケーションプロセス」

学校は、学校教育目標という共通目的の達成のために、児童生徒を対象に、一定の教育課程によって計画的かつ継続的に教育活動を行う組織です。

そして教職員には、多種多様な資質能力が求められています。

教職員の一人ひとりが、必要な知識や技能等を備えることは不可欠ですが、すべての教職員が、それらを一律に身に付けるべきだと考えるのは、現実的ではないでしょう。

学校は、さまざまな資質能力をもつ、個性豊かな人材によって構成されています。**教職員同士で、連携・協働することによって、学校は、組織全体として充実した教育活動を展開できるはず**です。

しかしながら、実際はどうでしょう？ 相談や協力がスムーズにできているでしょうか？

忙しくて自分自身も時間がない上、相談したい相手の都合がわからないのが一般的です。

まずは、そこから G Suite for Education で変えていきませんか？

本章では、新・校内コミュニケーションプロセスと名付けて、まずは「最初の一歩」を気軽に相談できる環境とルールをつくり、次に授業協力へ「ステップアップ」、そして、毎日の小さくても重要な情報を共有する体制を整えることで「生産性を10倍に！」、教職員同士が連携・協力できる未来をつくる方法について解説していきます。

新・校内コミュニケーションプロセス		校内コミュニケーションにおける現在の教職員のお悩み
1. 最初の一歩	相談	ベテランの先生に相談したいことがあるけれど、どうやって始めたらいいかわからない。
2. ステップアップ	授業協力	同学年、同科目の教員同士で授業の準備をもっと協力したいが、どうすればいいかイメージが湧かない。
3. 生産性を 10 倍に！	情報共有	児童生徒をもっと理解し、支援するためにも、もっと教員同士で情報共有したいが、方法がわからない。

まず、最初の一歩は「相談」。忙しい毎日、気になることがあってもそのままになってしまいがちではないでしょうか。やらなければ、とひとり思い悩んでいるうちに時間が過ぎてしまうことってありませんか？

知っている人からちょっとでも教えてもらったり、一緒に考えてくれる仲間がいれば、勇気100倍です。それはおとなも子どもも同じです。

次に、実際の「授業」で使う教材やテスト、子どもたちの頭をアクティブにする新しい学びを、やはり一緒に“ああだ”、“こうだ”と話し合いながら分担できたら、どんなに教師も楽になるでしょうか。

忙しさを理由に毎年同じ教材を使いまわして、自責の念に駆られている先生方もいらっしゃるのではないでしょうか？

目の前の子どもたちにカスタマイズして最適化して提供したいと思い、各教育委員会や学校の中で協力して、年々よい教材や進化するテストを教職員で作成し、個別最適化された学びを届けることができたら、もっといいですよね？

また、時々刻々と変わる子どもたちの環境や気持ちを、**タイムリーに関係者間で情報共有**ができないものでしょうか。小学校から中学校へ進学しても、その児童生徒の情報が引き継がれたり、検索で、すぐに必要な情報にアクセスできたら、もっとよい未来をつくれるかもしれません。

この3つのお悩みをすべて、G Suite for Education ですぐに解決してしまいましょう！

第3章では、**Google Chat**™、**Google ドライブ**、**Google カレンダー**™ の3つのアプリで実現できる新しいコラボレーションをご提案します。

相談	授業協力	情報共有
Google Chat チャットアプリ	Google ドライブ ファイル保管・共有アプリ	Google カレンダー カレンダーアプリ

この3つをアプリ使うと、**一人で悩むことがなくなり、問題解決が早くなり、必要な情報を探す時間を劇的に短縮でき、チームで仕事を進める習慣が身に付きます。**

心にゆとりを持ちながら、児童生徒に向き合う時間をさらに多くしていくことができます。

具体的な使い方のポイントは、次の表のとおりです。

新・校内コミュニケーションプロセス		使用アプリ	使い方のポイント　POINT
1. 最初の一歩	相談	・Google Chat	**気の合う同僚、先輩に Chat で相談してみる** • Google Chat を使ってみよう • グループの会話に挑戦 • ルームを使っていつでもどこでもバーチャル会議
2. ステップアップ	授業協力	・Google ドライブ	**“情報” を共有（シェア）／再利用する** • あらゆるファイルを 「クラウド」 に保管する • 共有（シェア）は 「オープン・マインド」 で • ドライブ を使って必要な情報に素早くアクセス
3. 生産性を10倍に!	情報共有	・Google カレンダー	**ペーパーレス時代到来！** **情報は一元管理して時短する** • カレンダー の予定であらゆる情報を集約 • 相手に聞かなくても予定を調整 / 出欠管理 • 施設予約で会議室や備品の貸し出し管理を楽に

それでは、まずは「相談」方法から具体的に見ていきましょう。

新・校内コミュニケーションプロセス

1

最初の一歩

相談

使用アプリ

Google Chat

使い方のポイント

気の合う同僚、先輩に Chat で相談してみる

- Google Chat を使ってみよう
- グループの会話に挑戦
- ルームを使っていつでもどこでもバーチャル会議

たとえば、あなたのクラスに今、ちょっと気になっている児童生徒がいます。

その子のことを、去年のクラス担任に相談してみたいと思っているのですが、2週間も経つのに、まだ実行に移せていません。

なぜなら、放課後相談しようと思っていても、保護者対応があったり、会議があったりと、何かしら予定が入ってしまうからです。それに、いつなら時間がとれるのかと相手の都合を聞くタイミングもありません。

いつも心のどこかにこの問題が残り、悶々としています。

実は、このような悩みは **Google Chat**（以下、Chat）を使えば、すぐに解決します。

相手の様子を見ながら「いつ話しかけたら大丈夫なのかな？」と、ウロウロする必要はもうありません。Chat に投稿したメッセージは、複数のメンバーに読んでもらうこともできるので、思いがけない誰かが答えをくれることもあるでしょう。やり取りのなかでヒントをもらい、解決することもあります。こんな Chat の使い方を紹介していきます。

Google Chat を使ってみよう

「チャット」とは

「チャット」とは、おしゃべり・雑談を意味します。Chat は、まさにおしゃべりするように文字によるメッセージをやり取りしてコミュニケーションを行えるアプリです。メールより気軽に使え、基本的には定型の挨拶文も必要とせず、“署名”がなくても誰からのメッセージなのかすぐにわかります。会話をするようにメッセージを送りあうことができるため、ひとつのメッセージ作成にかかる時間も少なくて済みます。

「Chat なら、プライベートでは毎日使っているよ」という方も多いかもしれませんが、仕事で同じ組織のメンバー間で使うと、やり取りが**記録に残り、検索も簡単**。なにより**スピーディに問題が解決できる**ようになります。メールと違って、まったく業務に関係のない情報が紛れ込むこともありません。

直接会ってコミュニケーションをとるのは、心の準備が必要ですし、タイミングを間違えると相手の気分を損ねる原因にもなりかねません。
その点、Chat は、**自分も相手も都合のよいときに短文でのやり取り**ができます。Google の他のアプリと安全に連携させることも簡単で、数秒でファイルや画像、動画を添付できるので、**必要に応じて多くの情報をしっかり**と伝えられます。

このように大変便利な Chat ですが、やはりデメリットもあります。
たとえば、文字情報だけでは、意図したとおりに伝わらないことも少なくありません。うっかり書いた一言で、誤解されてしまうこともあるかもしれません。
言葉では表現しづらい部分があると感じたときは、対面や電話で連絡をとるようにするなど、ケース・バイ・ケースでコミュニケーション手段を選び、活用してください。
また、いくら Chat に投稿しても、相手が見て返信してくれなければ使う意味がありません。電話も"着信があれば、かけ直す"という暗黙の了解があるように、Chat も「全員が毎日数回は確認する」というルールを新たに作り、全員が守る必要があります。
つまり、**新しいツールを導入するだけでは不十分**だということです。
「ルール」にして全員に周知徹底し、全員で「文化」を作っていくことが大事です。

それでは早速、Chat を使う準備をしていきましょう。
2ステップで使えます！

Chat を立ち上げる

もうすっかりおなじみですよね。Google のサイトで画面右上の[ランチャー]から、**[チャット]**のアイコンをクリックしてブラウザ上に立ち上げます。
初めて立ち上げたときには、

「通知を許可して、ディスカッションに関する更新情報が届くようにしますか？
新しいメッセージを受信すると、ブラウザにプッシュ通知が表示されます。」

というメッセージが表示されることがあります。
こうしたメッセージにびっくりしなくても大丈夫です。さらっと読んで、設定してください。ここで設定してもあとから変更することもできます。なお、2回目以降はこのメッセージは表示されません。

チャットしたい相手を探す

初めてチャットをする相手を探すときは、画面左上の[ユーザー、チャットルーム、bot を検索]をクリックして、チャットしたい相手の名前を入力しましょう。

memo
組織の G Suite 管理者によって検索機能を無効に設定されている場合は、名前ではなくメールアドレスをそのまま入力してみましょう。

すると、同じ組織のメンバーであれば、すぐに相手とのチャット画面が表示されます。

相手にダイレクト メッセージを送ってみる

上図のように、**画面一番下にメッセージを入力する場所**があります。ここに入力して、Enter キーを押すか、紙飛行機のアイコン ▷ をクリックして送信しましょう。

返信は、投稿したメッセージの下に時系列に表示されていきます。文字や文章を間違えて投稿したあとでも、すぐに修正や編集ができます。相手側の表示もほぼリアルタイムで変更されます。

Chat では、**文字だけでなく、画像や動画、ファイルなどのさまざまな情報を送る**ことができます。G Suite for Education の他のアプリと連携できるからです。

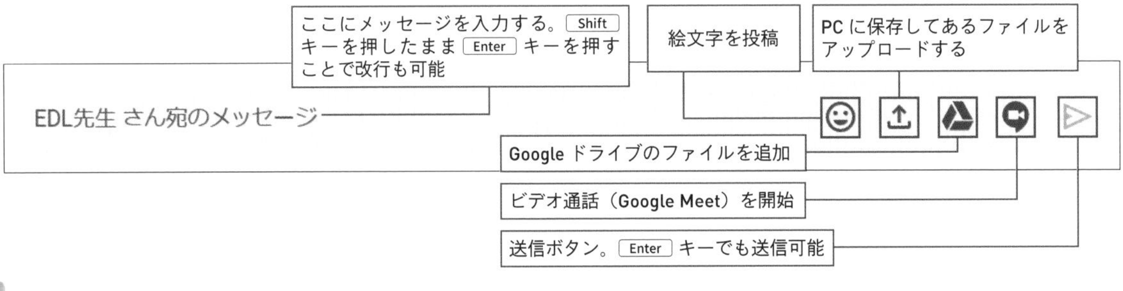

ファイルの添付例

をクリックすると、PCに保存されているファイルを選択、アップロードすることができます。

同様に、のクリックでは、Google ドライブ に保存されているファイルを追加することができます。

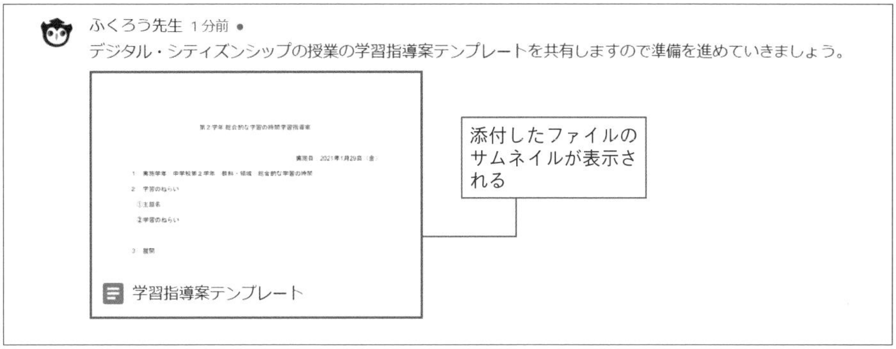

ビデオ会議に参加

［ビデオ会議を追加］アイコンをクリックし、送信すると、［ビデオ会議に参加］が表示されます、［ビデオ会議に参加］をクリックするだけで、そのチャットの相手と、すぐに Google Meet でのビデオ会議を始めることができます。

Chat は、メールよりもやり取りがしやすい点がメリットです。やり取りした内容がそのまま表示されていくので、話の流れがわかりやすく、やり取りが続く場合にはとても便利です。

「グループの会話」に挑戦

102ページで紹介したダイレクト メッセージだけでなく、「グループの会話」をする方法もあります。

1. Chat を開いたら、画面左上の[ユーザー、チャットルーム、bot を検索]をクリックします(❶)。

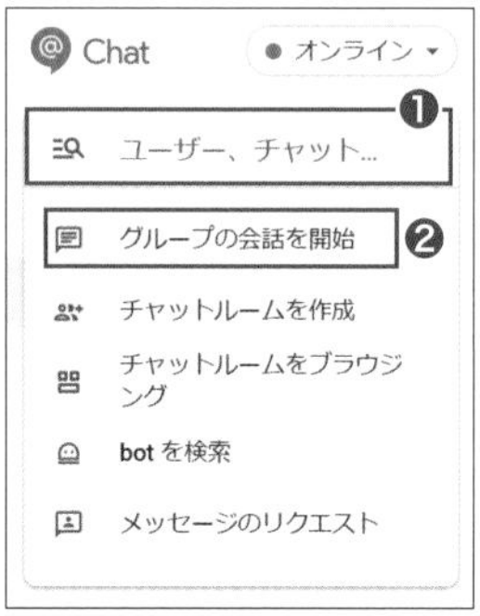

memo
[よく使う連絡先]とは、普段よく共有するアカウントを Google のAIが提示してくれるものです。使い始めのうちは、[よく使う連絡先]が表示されない場合があります。機械学習の結果、予測変換されて表示されるようになるからです。なお、学校によっては予測変換を無効にしている場合もあります。

2. [グループ の会話を開始]をクリックすると(❷)、会話参加者を入力できる欄が表示されます。

3. 下に候補として表示された[よく使う連絡先]の中から選ぶか(❸)、入力欄に名前かメールアドレスを入れます。候補の中に チャット したい相手がいれば、クリックして選択するだけで次々に複数の相手を追加できます。

4. 指定が終わったら、✓をクリックすると(❹)、グループの会話ができるようになります。

ルームを使っていつでもどこでもバーチャル会議

memo
ルームには2人から何人でも登録でき、また、いくつものルームを作ることができます。

チャットルームとグループの会話の違い

さて、気の合う同僚との1対1の「チャット」、そして1対多人数の「グループの会話」にも慣れたところで、同じ科目の担当の先生で「チャットルーム」を作ってみましょう。

「チャットルーム」は、グループの会話と同様に多人数でのチャットを行いたい場合にグループを作ることができる機能で、長期的に使うチャットに使用されています。というのもチャットルームでは、そこに参加するメンバーの追加や削除ができ、過去のやり取りもすべて、新しいメンバーにも共有されるからです。「引き継ぎ不要」ということになります。

チャットルームとグループの会話の違いについて次の表にまとめました。どちらを使用するかを選ぶ際の参考としてください。

▼チャットルームとグループの会話の違い

	グループの会話	チャットルーム
目的	複数のユーザー同士でのダイレクトメッセージ	チームまたはプロジェクトでのコラボレーションとコミュニケーション
メンバーの追加・削除	チャットを開始したあとに、他のメンバーの追加・削除は不可	いつでもメンバーを追加および削除することが可能
会話	単一のスレッド化されていない会話	複数のスレッド化された会話
メッセージ履歴	履歴を無効（メッセージは24時間以内に削除）にすることも、有効（メッセージは組織の保持ポリシーに従って保持）にすることも可能	メッセージ履歴が有効で、メッセージは組織のポリシーに従って保持される
名前	他のメンバーの名前のリスト（佐竹、佐藤、堀など）	チャットルームの作成者がルーム名を設定（「◯◯町全教職員ルーム」など）
通知	メッセージごとに参加メンバーに通知が届く	自分が参加している会話や、名前リンクされた場合に通知が届く
退出	メンバーは退出できないが、サイドバーでチャットを非表示にすることが可能	メンバーは退出、再参加ともに可能
同じメンバーでの作成	同じメンバーで複数のグループの会話を作成することは不可	同じメンバーで複数のチャットルームを持つことが可能
外部ユーザーの参加	組織外のユーザーの参加は不可	組織外のユーザーの参加が可能（組織で許可されている場合）

チャットルームの作り方

1. Chatを開いたら、画面左上の［ユーザー、チャットルーム、botを検索］をクリックします。

2. メニューが表示されるので、［チャットルームを作成］をクリックします。

3. 新しく作るチャットルームの名前を入力します（❶）。

4. ［ユーザーの名前やメールアドレス、またはグループを入力］の欄に、追加したいメンバーを入力します（❷）。候補が表示される場合は、それをクリックすれば追加されます。

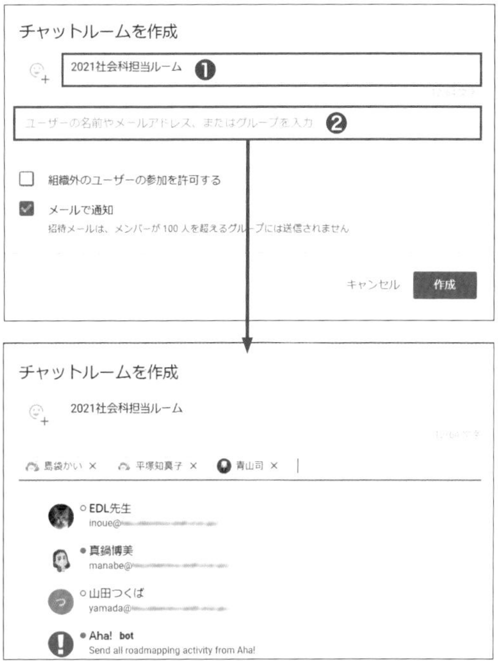

memo
右の画面で、［組織外のユーザーの参加を許可する］をオンにすると、～@gmail.comや他のG Suiteユーザーをチャットルームに招待できます。ただし、［作成］をクリックしたあとにこの設定を変更することはできません。外部ユーザーがチャットルームに参加できるようにする場合は、この時点でこのチェックボックスをオンにする必要があります。

5. 最後に[作成]をクリックで完了です。
このとき、[メールで通知]にチェックを入れておくと、チャットルームに追加された連絡が、自動的にメールで相手に届きます。

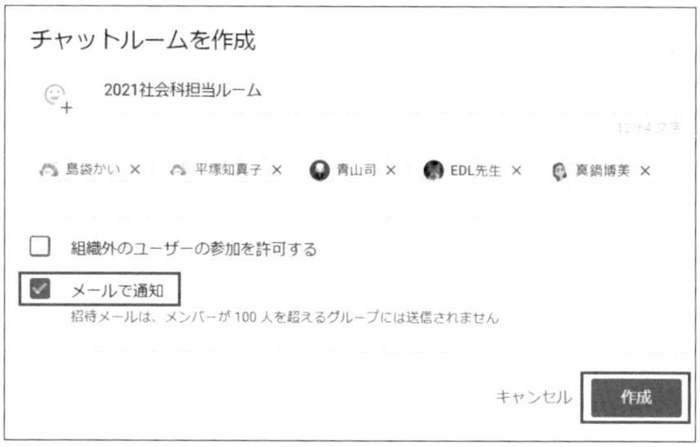

チャットルームも左側に表示されます(❶)。

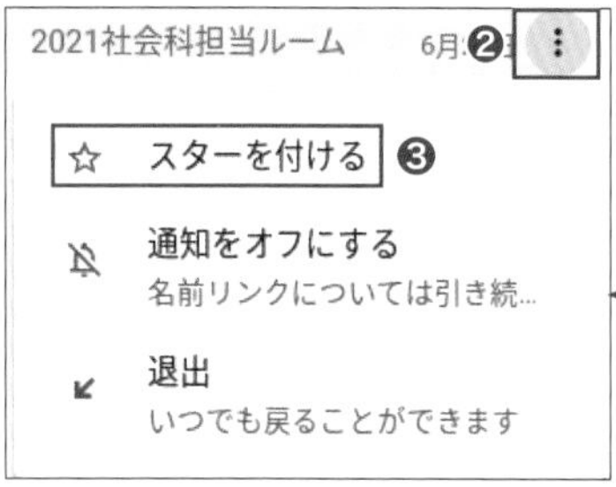

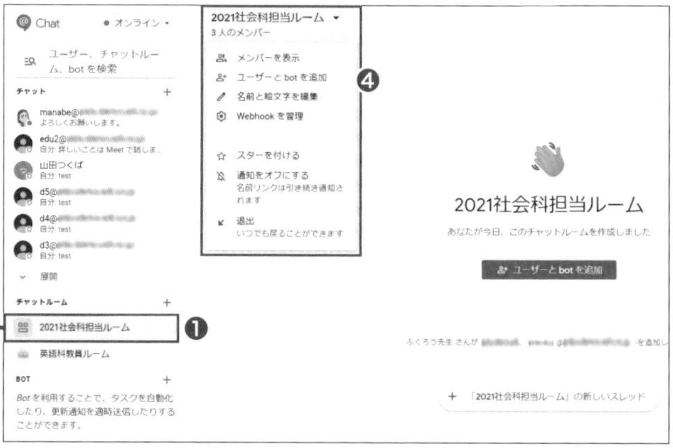

よく使うチャットルームは、ルーム名にマウスポインタを合わせると表示される右側の ⋮ をクリックし(❷)、メニューから[スターを付ける]をクリックする(❸)ことで、上位に表示させることができます。

なお、画面上部に表示されているルームの名前横の▼をクリックすると、メニューが表示されます。そこから、チャットルームの名前変更や、メンバーの確認・追加・変更は、いつでも何度でもできます(❹)。

StepUp
チャットを見たら、リアクションを返そう

本当に気軽にスピーディにコミュニケーションできる Chat ですが、ぜひ覚えておいてほしいことがあります。
それは、リアクション(絵文字)です。
チャットを見たら「見た!」と、リアクションを返す習慣をつけましょう。
投稿した相手に対する思いやりとして、ICT 上級者の心得です。

スマホで音声入力機能を使ってチャットする

PCに向かっているときだけではなく、外出先でも、Chatを使うことができます。実は、PCよりももっと手軽に、いつでもどこでも、チャットができます。

それは、**スマホなら「音声入力」が使えるから。しゃべるだけで文字が自動入力**されます。入力画面でマイクアイコンを見つけてタップしてみてください。すると、**話した言葉が、テキスト**となってかなりの精度で入力されます。

Chatのアプリをスマホにインストールする

memo
G Suiteのアプリのほとんどは、スマホにインストールして使うことができます。

スマホにも、Chatのアプリをインストールしておきましょう。Android™スマホは「Google Play™ ストア」から、iPhoneは「App store」から、「Google Chat」を検索して、インストールします。

▼Androidの場合

▼iPhoneの場合

memo
スマホですでにほかのGoogleアカウントを使用している場合は、使用したいアカウントへ切り替える必要があります。

すでにGmail™等のアプリを入れて使っているのであれば、アカウントの設定は完了しています。Chatもアプリを追加するだけで、すぐに使い始めることができます。

チャットルームに入り、音声でメッセージを入れる

いつでも、どこでも、だれとでも、そして、どの端末（PC、タブレット、スマホ）でも。それがChatのよいところです。PCですでにいくつかのチャットルームに入っていれば、スマホにインストールしたばかりのChatにも、それらのルームが同じように表示されます。PCでもスマホでも、すぐに“会話の続き”が可能なのです。

1. スマホでChatのアイコンをタップします。

2. PCと同じように、チャットルームの一覧が表示されるので、目的のチャットルームを選んで、入室します。

3. 操作方法はPCと同様です。さらに、スマホの場合、**[マイク]** のアイコンをタップして（❶）、スマホに語りかけるだけでメッセージの入力が可能です。思考の速度で話した内容がテキストで表示されます（❷）。

4. あとは、紙飛行機のアイコンをクリックして（❸）、送信すれば完了です。

▲Androidの例

Google Chatで検索する・ファイルを共有する

Chatの中の会話を検索する

Chatには、検索機能があります。やり取りしたすべてのメッセージだけでなく「特定のユーザーとのメッセージ」や、写真など「特定の種類のコンテンツ」だけを検索することもできます。方法を覚えておくと、必要な情報に素早くたどり着けます。

1. 画面上部の **[検索]** アイコンをクリックします。

2. [検索]画面の左側で、チャットルームを選択するか、[すべてのチャットルームとダイレクトメッセージ]をクリックします（❶）。キーワードで検索したいときは、検索ボックスに入力します

memo
もっと便利な検索方法もあるかもしれません。ぜひGoogle検索で調べてみてください。

(❷)。検索範囲を絞り込むには、ユーザーやコンテンツ タイプ（画像や動画など）をクリックすれば（❸）OKです。

Chatでファイルを共有する

参照

Google ドライブ からファイルを共有する方法については、118ページを参照してください。

103ページで述べたように、Chat を使いながら、やり取りの流れのなかでファイルの共有設定ができます。わざわざ Google ドライブ を立ち上げる手間もいらず、学校内でのファイル共有が、非常に簡単になります。

1. メッセージの投稿の欄で、[Google ドライブ ファイルを追加] アイコン をクリックして[マイドライブ]からファイルを選択するか、ファイルへのリンクをコピー&ペーストして、紙飛行機アイコン をクリックします。

point

[表示]はファイルを閲覧することが可能、[コメント]はそのファイルにコメントすることが可能、[編集]はそのファイル内容を編集することが可能ということです。

2. すると、「ファイルをどのように共有するか」を設定する画面が表示されます。

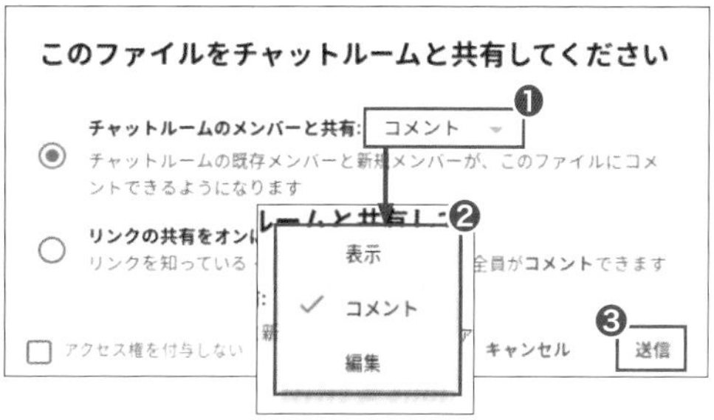

3. [チャットルームのメンバーと共有]の右にある[コメント]の右の をクリックして（❶）、共有相手の権限を[表示][コメント][編集]の中から選択します（❷）。

4. 右下の[送信]をクリックすれば（❸）共有設定は完了です。

共有設定したファイルは、Chat のメッセージの下に挿入されます。メッセージの流れでファイルの共有ができますので、相手にとってわかりやすい説明をすることが可能です。そして相手のほうでは、その共有設定に基づいて対応することができます。時短にもなりますし、ストレスもゼロです。

memo

ドメイン名とは、インターネット上の「住所」のようなものです。@よりあとが所属組織を表し、ed.jpやac.jpは日本の教育機関であることを意味します。@より前が個人を特定するユーザー名です。

G Suite for Education のユーザーは、@よりあとのドメイン名で、初めから組織の「内」と「外」が区別されているため、簡単なのに安全にファイルが共有できます。

Google では、メールアドレスがアカウントですので、きちんとあなた宛の郵便物が届くように、すべてのやり取りや作成したファイル情報が、この一人ひとりのアカウント情報に自動的に紐付けられています。膨大な情報も安全に管理できる仕組みがあるわけです。

この節では、Chat を使いこなして、「相談」という最初の一歩を踏み出す方法を紹介しました。このあとは「授業協力」そして「情報活用」まで、どんどんとステップアップして、新しいコミュニケーションを校内で展開してください。

では続いて、授業協力へステップアップしていきましょう。

◉情報セキュリティとアカウント

今、GIGAスクール構想では児童生徒のための1人1台環境が急激に推進されていますが、教職員もまた、1人1ID（1つの Google アカウント）で、複数の端末で G Suite を利用できる環境を日常のものにしていきたいところです。

これまで学校では、1つのIDを共有してICTツールを使うという場面がよくありました。しかし、それはごく少人数でかつ、ログイン情報（アカウント名、パスワード）を知っている人間が限られているという場合で、たとえば、学校ホームページの担当者が校内に2名しかいない、という場合だから問題にはならなかったのです。

今回のように、今後大勢の人が文房具として日常的にクラウドを使用する状況においては、誰がそのアカウントで作業をしたのか特定できないというのでは、セキュリティが危険な状況になります。

ちょっと硬い話になりますが、情報セキュリティ対策とは何か、自分の言葉で説明できますか？

情報セキュリティは、**「機密性」（Confidentiality）、「完全性」（Integrity）、「可用性」（Availability）の3つの要素**で構成され、それぞれの頭文字からCIAと略されています。

「機密性」は、限られた人だけが情報に接触できるように制限をかけること。

「完全性」は、不正な改ざんなどから保護すること。

「可用性」は、**利用者が必要なときに安全にアクセスできる環境であること**です。

ほとんどの方は、情報セキュリティというと、「機密性」が思い浮かぶと思います。

しかし、必要な情報に必要なタイミングで必要な人がアクセスできなければ、意味がありません。

「可用性」そして、「完全性」を守る現実的な取り組みが求められるのです。

クラウド時代のセキュリティは、安全で強固な、絶対忘れないパスワードを全児童生徒、全教職員が当たり前のようにつくり、運用できているような知識とスキルが求められるのです。

新・校内コミュニケーションプロセス

2

ステップアップ

授業協力

使用アプリ

Google ドライブ

使い方のポイント

“情報” を共有（シェア）／再利用する

- あらゆるファイルを「クラウド」に保管する
- 共有（シェア）は「オープン・マインド」で
- ドライブ を使って必要な情報に素早くアクセス

たとえば、あなたは自分の担当する科目で、授業資料を作ったので、同じ学年の先生方、数名から意見を聞きたいと思っています。

今までのやり方では、紙に印刷して、それぞれの先生に配付して見てもらっていたでしょう。書類を人数分印刷しクリップで留め、確認お願いの文章を書いた付箋を付け、それぞれの先生の机に置いて、声を掛けます。先生方に赤字を入れてもらったら、一人ひとりに声をかけながら回収し、皆の意見を一つにまとめて、修正作業に入ります。そして、修正したものを再度配付して確認してもらい、また、意見を伺います。この一連の作業は、**時間のかかる大仕事**になっていました。

準備だけでも大変なのに、意見を集約して修正するとなると、考えただけでも「疲れた！」となってしまったり、自分一人で完結したほうが楽、と協力をあきらめてしまったりしそうです。

一方、PCで作ったデジタルデータなら、メール添付で依頼、それを送り返してもらえばそれほどの手間は掛からないよ、という先生もいらっしゃることでしょう。

しかし、この方法だと複数メンバーに意見をもらうと、**ファイルの最新版の管理が難しくなります**。ちょっとした修正でも、どこを直したのか、メール本文とファイルデータをニラメッコということもよくあるのではないでしょうか。

この問題を、G Suite for Education でスピード解決していきましょう。

ここで使うアプリは、**Google ドライブ**。一瞬で解決できます。

あらゆるファイルを「クラウド」に保管する

Google ドライブ は「クラウド」上のファイル置き場

今まで、作成した資料は、どこに保存していましたか？

基本的にプリントアウトした紙が多かったのではないでしょうか。ファイルに綴じたり、机の引き出しやキャビネットなどにしまっていたと思います。
PCで作ったデジタルデータ＝ファイルなら、自分のPCのユーザーフォルダ（PCのハードディスク→Cドライブ）の中でしょうか。学校によっては、校内のサーバ（ハードディスク）ということもあります。
しかし、これからは、学校の大切な資産であるデータは、「**クラウド**」に保存する時代です。つまり、**ご自身のPCのハードディスクに保存するのではなく、インターネットを介して、セキュリティ対策がなされたデータセンターで管理するという考え方**です。

PCは壊れます。また、どこかに忘れたり、災害に遭ってなくしたり、ときには盗難されることもあります。そうすると、大切なファイルは手元から失われてしまいます。
これは「お金」も同じです。
情報を「お金」に当てはめて考えてみると、よく理解できます。あなたのお金は、どこにありますか？「銀行」に預けていますよね。
同じように**大切なファイルも、銀行のような安全に保管してくれるところに預けておくと安心です。**銀行に預けておけば、ATMでいつでもどこでもキャッシュカードと暗証番号があれば、お金を引き出すことができます。
ファイルも同じなんです。
クラウドに保管しておけば、端末（デバイス）からアカウントとパスワードを入力して、いつでもどこでも安全に自分のファイルにアクセスできます。

そしてさらに、ファイルをクラウドに保管しておくことで「共有」が容易になります。クラウド上の「ファイル置き場」であるGoogleドライブ（以下、ドライブ）に保管しておけば、同じ組織の人同士、安全に簡単にデータを「共有」することができるのです。
今まで一人で考え、一人で作り、一人で保管してきた時代（スタンド・アローン）から、皆で考え、皆で作り、皆で保管、共有（シェア）する時代へと、潮目が変わったのです。

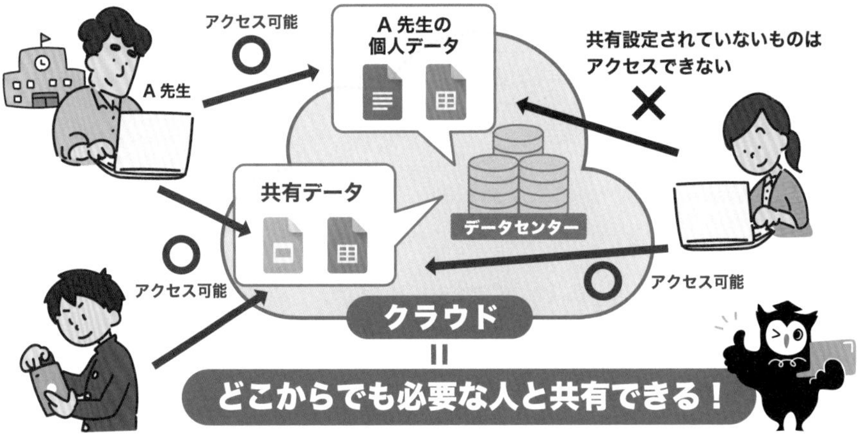

▲クラウドなら、どこからでもアクセスでき、共有も簡単に

ドライブを立ち上げる

それでは早速、Google のファイル保管・共有アプリ「Google ドライブ」を使う準備をしていきましょう。

Google のサイトで画面右上の[ランチャー]から、**[ドライブ]**のアイコンをクリックしてブラウザ上に立ち上げます。

ドライブ の画面が開きました。左側にメニューが表示され、真ん中に保管されているファイルが表示されます。

memo
初めて立ち上げたときは、何のファイルも保存されていない空の状態です。

ドライブ を使用すると、**あらゆるファイルを安全にクラウド上に保管**できます。スマホ、タブレット、PCなどデバイスの種類、WindowsやMacなどのOSの種類に関わりなく、**どこからでもこれらのファイルにアクセス**できます。

動画、写真、文書ファイルなど、ドライブ内のファイルは自動的に複数に分割されます。さらに、それぞれにセキュリティキーがつけられて、複数のサーバにバックアップされるため、盗まれたり、失われたりすることはありません。

memo
サーバ(server)とは「サービスを提供する側のコンピューター」を意味します。G Suite の場合は、Google のデータセンターで管理されているサーバと理解してください。

ドライブ にファイルをアップロードする

ドライブ ではファイルのアップロード、表示、共有、編集を行うことができます。ファイルの種類は、文書・画像・音声・動画など、どんなファイルも自由にアップロードすることができるので、とても便利です。

memo
1つのアカウントにつき、1日に最大750Gまでアップロードできます。

1. 画面左側にある[マイドライブ]をクリックします(❶)。

2. 左上の ＋ 新規 をクリックし(❷)、表示されたメニューから[ファイルのアップロード]をクリックします(❸)。

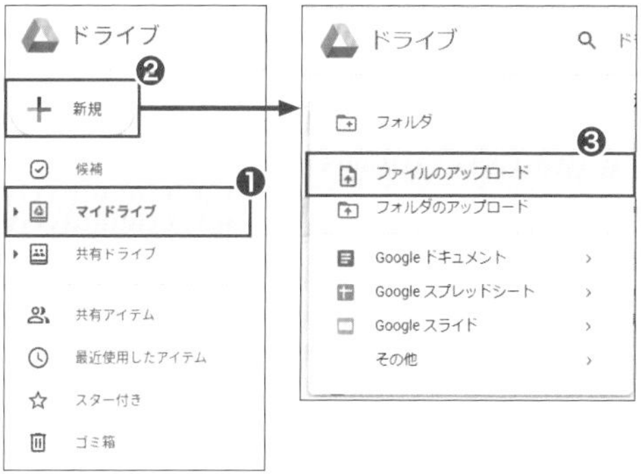

3. PCからファイル（Windowsであれば、ユーザーフォルダのドキュメントやピクチャ等にあるファイル）を選択し（❹）、右下の［開く］をクリックします（❺）。

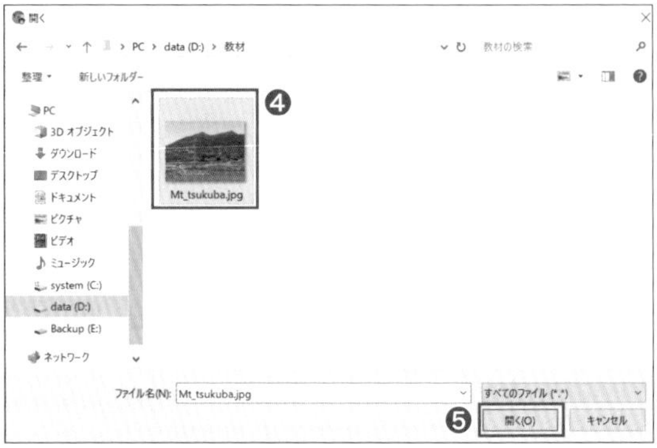

point
PCのデスクトップやユーザーフォルダなどから［マイドライブ］へ、直接ファイルをドラッグ&ドロップしてアップロードすることもできます。

4. 画面右下に「○個のファイルをアップロード」と表示され、アップロードが終了すると「○個のアップロード完了」と表示されます（❻）。

5. アップロードされたファイルは、［マイドライブ］の［ファイル］に表示されます。

Google ドライブ でフォルダを作成する

「Google ドライブ って使いにくい」

「フォルダをアップロードしたら、いつもと違うスタイルで表示され、戸惑った」

こんな感想を耳にすることがあります。実際、慣れるまでは戸惑うことが多いですよね。

Windowsのエクスプローラーでのディレクトリ表示に慣れている方からすると、信じられないかもしれませんが、ドライブ **は、ファイルがどれだけ増えても「整理」する必要がありません。**

Google といえば、検索の会社。ドライブ の**検索機能を使えば、必要なファイルをすぐに取り出せます。**ファイル名だけでなく全文、そしてファイル内の画像に含まれている文字までが、検索対象になるからです。

また、ドライブ には**［最近使用したアイテム］**というカテゴリがあり、ここでほとんどのファイルは見つけることができます。

とはいえ、**複数のファイルをまとめて、組織で共有し、管理する必要があるときなどは、フォルダを作成しておくと便利**です。ただし、フォルダを整理整頓する時間があるなら、その時間で、検索スキルを向上させることをおすすめします。

フォルダを新規作成する

1. フォルダを作成するには、画面左上の ＋新規 をクリックし(❶)、[フォルダ]を選びます(❷)。

2. [新しいフォルダ]の画面で[無題のフォルダ]の欄をクリックして、フォルダ名を入力します(❸)。

3. [作成]をクリックすれば(❹)完了です。

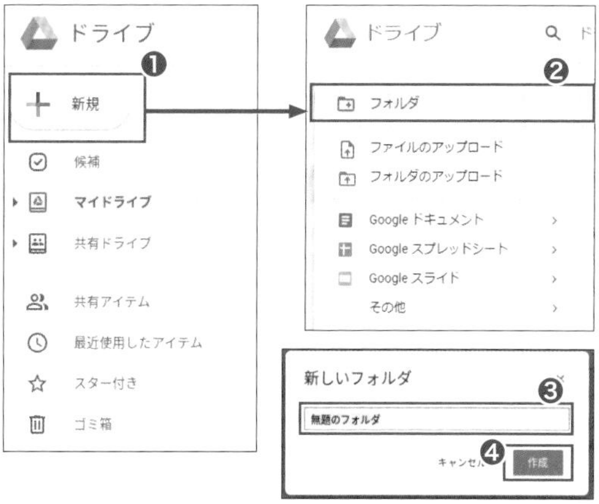

特定のフォルダの中にフォルダを新規作成する

特定のフォルダの中に、入れ子構造で、フォルダを作成することもできます。

たとえば、右の画面のように、[マイドライブ]の中に任意のフォルダ(右の例では「2021年社会科担当」)を作成して、さらにその中にフォルダを作ることができます。

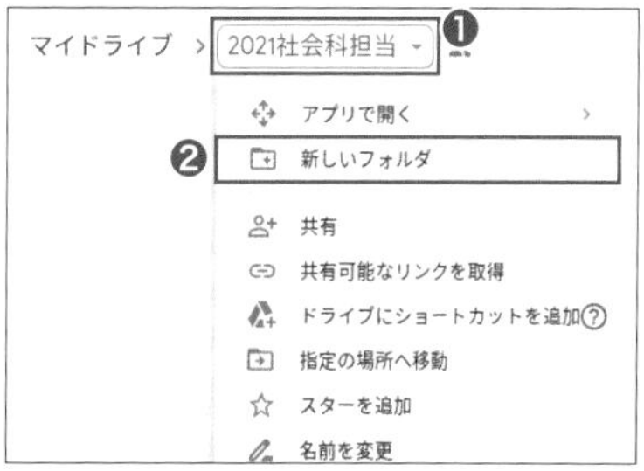

1. [マイドライブ]の中の任意のフォルダ(右の例では「2021年社会科担当」)をクリックして開きます。
2. 画面上部に[マイドライブ]に続いて、開いているフォルダ名が表示されますので、その名前をクリックすると(❶)、メニューが表示されます。
3. [新しいフォルダ]をクリックし(❷)、前項と同じようにフォルダ名を付けて、[作成]をクリックすれば完了です。

フォルダを移動する

作成したフォルダごと、別の場所に移動することもできます。

1. 移動したいフォルダの上で右クリックし、メニューが表示されたら[指定の場所へ移動]をクリックします。

2. 移動したい場所を指定し、[移動]をクリックします。

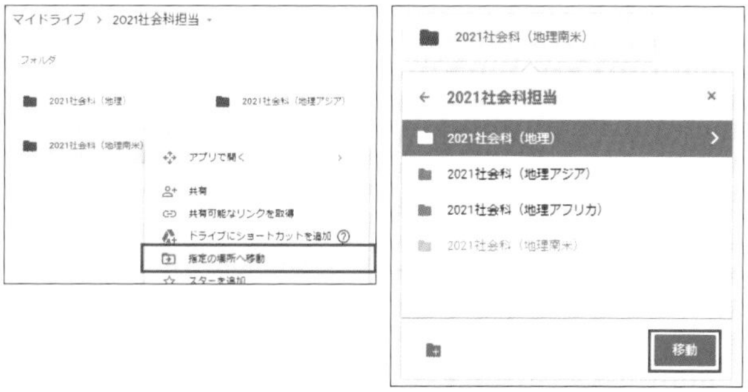

memo
フォルダだけでなくファイルも、同様の操作で任意の場所へ移動することができます。

Google ドライブ で「共有（シェア）」する

ここまで、机の引き出しの代わりとなるクラウド上の「ファイル置き場」ー ドライブの立ち上げ方やファイルのアップロードの仕方、ファイルの整理整頓をするためのフォルダの作成、移動などを紹介しました。

ドライブ に自分の作成した教材や書類のファイルを置いておくと、高性能の検索機能ですぐに必要なファイルを探し出すことができます。以前作ったのにすっかり忘れていた教材ファイルも、キーワード検索で発掘されて再利用できます。これで大幅な時短が実現できます。

参照
検索機能については、122ページから詳しく解説していきます。

そして、ドライブ で本領発揮するのは、なんといってもファイルの「**共有（シェア）**」機能です。ドライブ に置いてあるファイルは「共有（シェア）」することができます。**「共有」とは同じものを一緒に使うこと**ですね。「ルームシェア」とか「カーシェアリング」などの「シェア」と同じ意味です。

つまり、**ファイルの「原本」を同時に編集したり閲覧できる**ようになるのです。

そのため、何度修正があっても、いつも**最新版がそのまま「共有」**されていることになります。ファイルのオーナーであるあなたは、**誰にどの権限で共有を許可するのかを自由に設定**できます。

一人ひとりが別々の引き出しにしまい込むのではなく、全員で同じ引き出しを使うことと同じ状態ですから、同僚が同じテーマで作った教材などがあなたに共有されていれば、キーワード検索ですぐに見つかります。

共有（シェア）は、「オープン・マインド」で

ドライブ を使って情報を共有すると、プロセスも含めて確認をすることができるようになります。

共有（シェア）は、「**オープン・マインド**」でしていきましょう。

「オープン・マインド」は、今までの考え方とは真逆です。「完成させ、完璧な状態で見せるべき」という考え方ではなく、「**できていないところ、未完成な部分があってもスピードが重要！“全部”見せ合ってもっと良くする**」という考え方なのです。

Google では、この**「オープン・マインド」が前提**となっています。

直訳すれば、「心が開かれている」状態ということですが、**自分の考えや状態をいつでもオープンにして、他者の意見やアドバイスを受け入れるという柔軟な姿勢**を意味します。何でも他人の言いなりになる、という意味ではなく、あくまで他者からの提案を取り入れるかどうかは、**自分自身で決めていく**のです。

海外でも、教職員同士が協力して仕事を進めるというスタイルが推進されています。そして、最初はどの国でも、「自分ができていないことがわかったら、皆から馬鹿にされるのではないか」「知らないということを知られるのは恥ずかしい」と否定的だったそうです。

しかし、オープン・マインドを実践して情報を共有し、全員で助け合うと決めたフィンランドの教育現場では、**教職員のストレスは30%減少し、今では昔の方法に戻ることはできない**と話していました。

「協働的問題解決」には、オープン・マインドと G Suite for Education が必要不可欠です。

▶ オープン マインドが、
情報共有（シェア）の大事なポイント！

[マイドライブ] のフォルダを共有する

ここからいよいよ、本題の「同僚3人と情報共有する」ための方法として、ドライブをどのように活かしていくか、共有を中心に解説していきます。

そもそも、「同僚3人とファイルを共有する」といったら、今までなら何をイメージしたでしょうか？

おそらく、「人数分コピーして紙で配付する」。または、「回覧して、確認したら印鑑を押して戻してもらう」。これが今までの一般的な共有ではなかったでしょうか。

しかし、この**「共有」という概念が、これからは根本的に変わります。**

これからは、コピーではなく、**「原本」を共有**できます。

それも、クラウド上の ドライブ という「場所」に置いておくだけで、必要な人と必要なタイミング、必要な権限で安全に共有ができます。

memo
ただし、自分のファイルには、自分自身の Google アカウントでログインしていない限り、アクセスできません。

クラウドで共有するので、メールにファイルを添付する必要はありません。クラウド上のファイルのある「場所」、つまりURLのリンクを伝えるだけです。URLですから、[ブックマーク] することもできます。

また、共有はいつでも解除することができます。解除された瞬間から、たとえ先ほどまでそのファイルを閲覧できていたとしても、もとの共有相手には [アクセス権がありません] と表示されることになります。

では、具体例で解説していきます。同僚3人だけに見てもらいたいファイルを入れた**「2021社会科担当」というフォルダを共有する設定**をしてみましょう。

memo

共有したいフォルダをクリックし、画面上部に表示される[共有アイコン]をクリックしても共有設定を行うことができます。

1. ドライブ の[フォルダ]にある「2021社会科担当」フォルダを右クリックし、表示されるメニューから[共有]をクリックします(❶)。

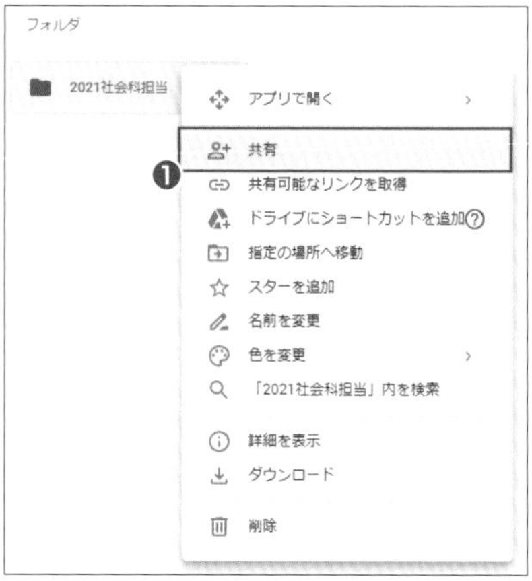

2. [ユーザーやグループと共有]で、共有相手のメールアドレスを入力して(❷)[完了]をクリックします(❸)。

memo

Google アカウント以外への共有の場合、その共有相手はファイルの閲覧のみ行えます。
ドキュメント や スライド、スプレッドシート などを、Googleアカウントを持たないユーザーと共有し、共同で編集できる機能を正式版としてリリース予定(2020年9月発表)。

3. 共有相手の名前やメールアドレスが表示されます(❹)。さらに共有相手を追加するには、この欄をクリックしてメールアドレスを入力します(❺)。

4. フォルダ内のファイルに対して、共有相手が行える操作を変更するには、右側にあるをクリックして[閲覧者]または[編集者]を指定します(❻)。

5. 最後に[送信]をクリックします(❼)。

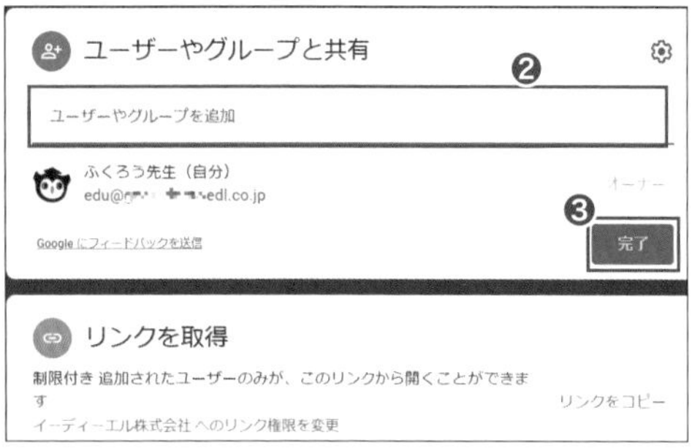

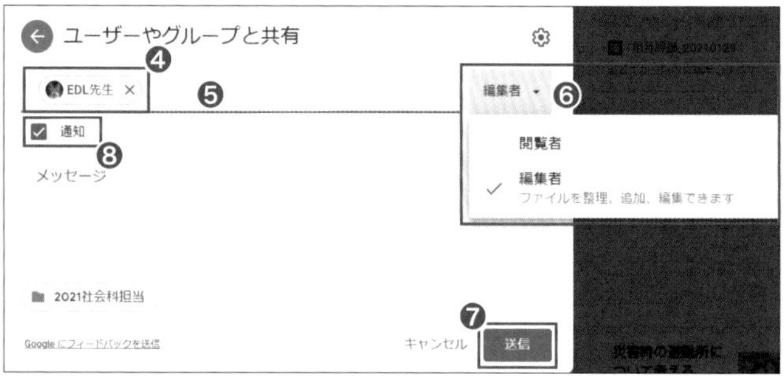

memo

ドライブ に保存しているファイルやフォルダは、職場または学校のドメイン内の誰とでも共有できますが、組織によっては他のユーザーとのファイルの共有が制限されている場合もあります。

「2021社会科担当」フォルダのアイコンが、共有を表すに変わります。これは、共有設定されているフォルダ(ファイル)であることを示しています。

これで共有相手の同僚がフォルダ内のファイルを閲覧したり、編集したりすることができるようになりました。

なお、右上図で、[通知]にチェックを入れたままにすると(❽)、共有相手に共有を知らせるメールが自動送信されます。その下の[メッセージ]欄に入力した内容も一緒に送信されるので、共有の趣旨についても書き込んで案内しておくとよいでしょう。普段 Chat でやり取りをしているなら、そこで伝えるのもいいでしょう。

ファイルを単体で共有する

特定のフォルダまるごとは共有できないけれど、そのフォルダに保存している1つのファイルだけを単体で共有したい、というケースもあると思います。

組織外のメンバーともファイルは共有できます。方法は、フォルダを共有に設定した操作と同じです。ファイルに共有設定を行うだけです。

memo
共有したいファイルをクリックし、画面上部に表示される[共有アイコン]をクリックしても共有設定を行うことができます。

1. ドライブ のフォルダ内にある共有したいファイルを右クリックし、表示されるメニューから[共有]をクリックします。

2. [ユーザーやグループと共有]で、共有相手のメールアドレスを入力します（あるいは表示される候補一覧から相手を指定します）。

3. 共有相手がファイルに対して行える操作を変更するには、右側にある をクリックして[閲覧者]、[閲覧者(コメント可)]、または[編集者]を選びクリックします。

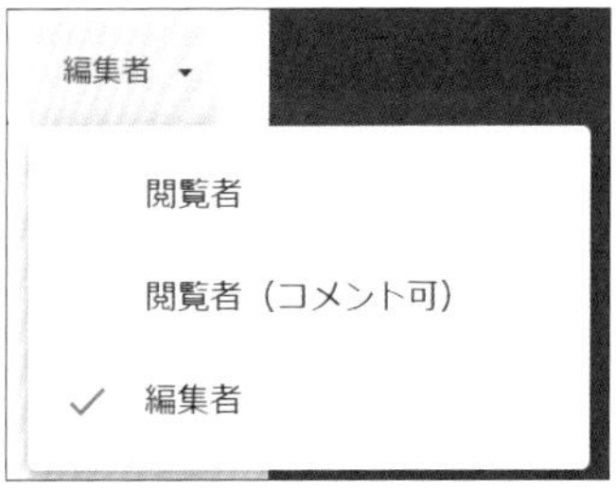

4. 必要があれば[メッセージ]欄に共有相手への連絡事項などを入力して、[送信]をクリックします。

memo
ドライブ に保存しているファイルやフォルダは、職場または学校のドメイン内の誰とでも共有できますが、組織によっては他のユーザーとのファイルの共有が制限されている場合もあります。

これで、皆で1つの資料ファイルを共有して、それを見てコメントしてもらったり、同時編集することが可能となります。

今までの、コピーして配付したり、回覧して確認していたときと比べて、大幅な時短と質の向上に繋がります。また、メールに資料添付してのやり取りと比べても、劇的な時短も可能となります。

▶ 1つのファイルを皆で共有すれば、時短も質の向上も可能に

Google ドライブを使えば、Microsoftのデータもそのまま使える

「ドライブ が便利なのはわかった。でも、今まで作り貯めてきたWordやExcel、PowerPointで作ったファイル、いわゆるMicrosoftのOfficeファイルは、もう使えなくなってしまうの？」

実は、そんな心配は一切いりません。

なぜなら、**MicrosoftのOfficeファイルと ドキュメント、スプレッドシート、スライド のファイルは高い互換性がある**のです。そのため、Word、Excel、PowerPoint のファイルを直接開いてドキュメント、スプレッドシート、スライド で操作することができます。この機能は「**Officeファイルの編集**」と呼ばれ、共同編集や共有などの Google の機能を利用したOfficeファイルの編集が可能です。行った変更はすべてもとのOfficeファイルに反映され、自動保存されます。

また、ドキュメント、スプレッドシート、スライド のファイルをMicrosoft Office形式に変換することも可能です。

memo
ファイル名のところに拡張子が表示されるので、変換された確認ができます。

Microsoft Office ファイルを 変換する

Word、Excel、PowerPointといったMicrosoft Office形式のファイルは、ドキュメント、スプレッドシート、スライド に変換することができます。

1. Office ファイルを［マイドライブ］にアップロードします。

2. そのファイルを右クリックし、表示されたメニューから［アプリで開く］をクリックし、もとのOfficeファイルの種類に応じて表示される［Google ドキュメント / スプレッドシート / スライド］をクリックします。

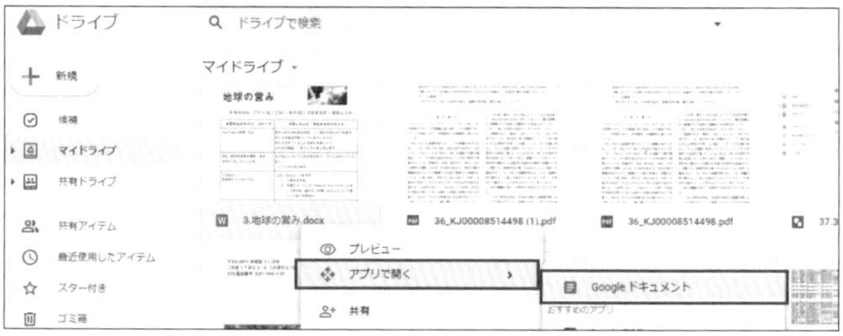

3. ［ファイル］メニューから［Google ドキュメント / スプレッドシート / スライドとして保存］をクリックします。

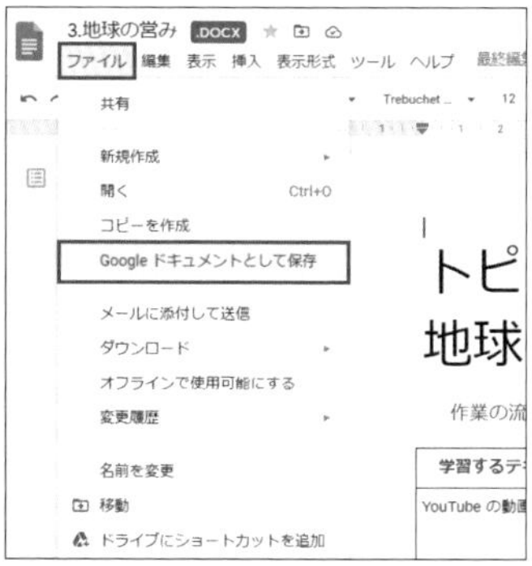

変換すると、もとのOfficeファイルがなくなってしまうのでは？ と不安になる方もいると思いますが、ご安心ください。Officeファイルは、もとのままでちゃんと残っています。

つまり、Microsoft Officeで作成されたファイルは、G Suite でも問題なく活用できます。

Google ドライブ を使って必要な情報に素早くアクセス

ファイルは、自分のものだしいつでも探せる。すぐに見つかる。そう思って安心しているのは、あなただけではないでしょう。

しかし、自分で保管しているものほど、失くしやすいものはありません。PCに慣れている方でも、大切なファイルを入れて持ち運びしていたUSBメモリを紛失したり、置き忘れたり、という経験があるものです。

もちろん、ドライブ に保存しても、「どこだっけ？」と迷うことがあります。

しかし、探し出す方法、つまり**欲しい情報をすぐに見つけ出すための検索の知識やスキル**を知っておけば、書類の山から探し出す手間や時間の"10分の1"で済むはずです。

それでは、ドライブ に保存したファイルの検索のポイントを確認していきましょう。

[最近使用したアイテム]と[スター付き]

最近使用したアイテム

ドライブ 内のファイルを探すのに、一番手っ取り早いのが、この**[最近使用したアイテム]**です。[マイドライブ]のファイルと共有アイテムのファイルの両方が、最近使用した順番で格納されています。

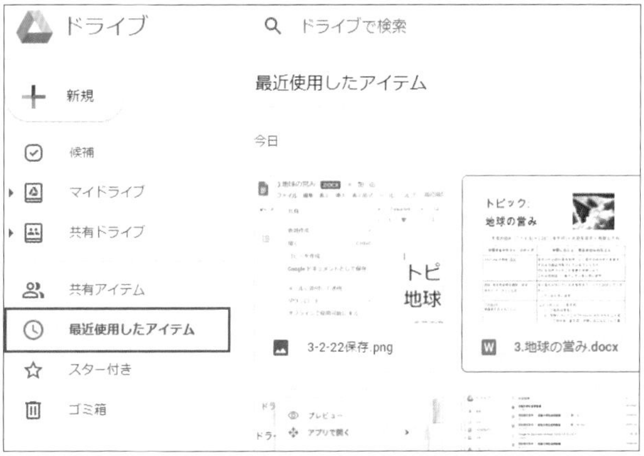

スター付き

「このファイルはあとでまた、何度も使うだろう」

「このファイルは重要。すぐに見つけたい」

そんなときは、スター(目印)を付けて目立たせることができます。

スターを付けたいファイルを右クリックし、表示されるメニューから**[スターを追加]**を選びましょう。

あるいは、ファイルを開いた状態で、タイトルの横に表示されているスター(☆)をクリックしても0Kです。ドライブ の画面左側のメニュー、**[スター付き]に格納される**ので、すぐに見つけられます。

ドライブ でファイルを検索する

［最近使用したアイテム］、そして［スター付き］でパッと見つけられなかったときはやはり「検索」です。

ドライブ の検索は、条件を変えてフィルタリングできるため、探しものがすぐに見つかります。「キーワード」で、あるいは「ファイルの種類」で、「作成日時」で「共有先の名前」で等々、条件を組み合わせたり、絞り込んだりして、該当するファイルを見つけます。

Google といえば、検索の会社。**「困ったら、いつでもどこでも検索」**と思い出してください。

たとえば、ファイル名は忘れてしまったけれど、GIGAスクール関連の、文部科学省の資料。3か月前くらいにウェブからダウンロードして「あとで読もう」とそのままになってしまったPDFファイル。これを探してみましょう。

全文検索してくれるので、覚えているキーワードなら何でも使えます。

1. マイドライブの上部の検索ボックス、［ドライブで検索］という欄に単語や語句を入力します（❶）。

2. 検索結果を絞り込むには、右側にある ▾ をクリックして（❷）、表示される画面で検索オプションを指定します。

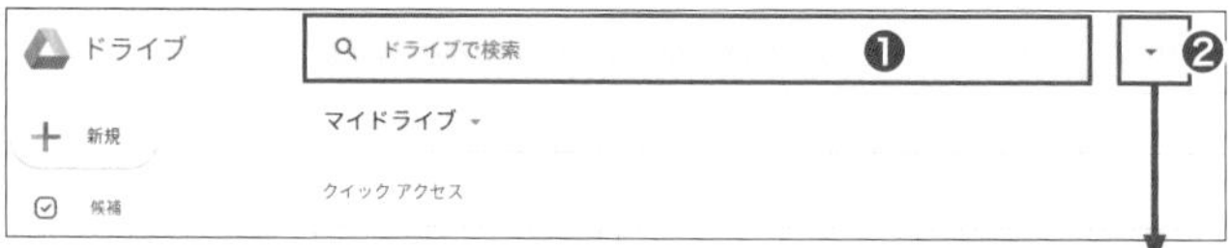

この絞り込み機能が、まず最初に試してみるべき基本機能です。右図のように、さまざまなオプションが用意されています。

「種類」「オーナー」「場所」「更新日」「アイテム名」「含まれている語句」等々、いろいろな角度から検索することができます。

ここでは、ファイルの種類は「PDF」、更新日は3か月前ぐらい、ファイル内に「GIGA」「文部科学省」というキーワードが入っているデータを探してみましょう。

1. ファイルの［種類］で「PDF」を指定し（❶）、［更新日］では、3か月前ぐらいなので「過去90日間」を指定します（❷）。
2. ［含まれている語句］に「GIGA」「文部科学省」と入力します（❸）。
3. 最後に［検索］をクリックします（❹）。

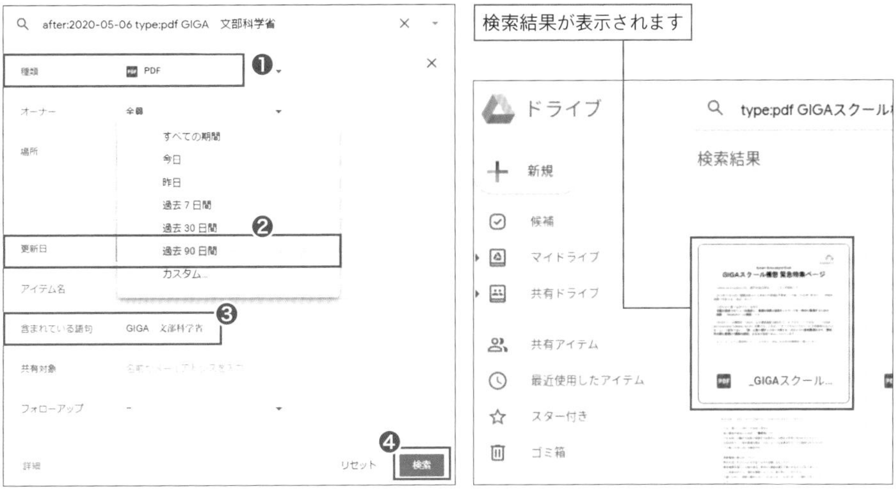

このPDFの検索にかかった時間は1分でした。操作する環境によってかかる時間は異なりますが、［検索］でとても簡単に見つけることができるはずです。

では、続いてこの**PDFファイルを「共有可能なファイル」として活用**していきましょう。

必要な相手と共有し、コメントでやり取りする

PDFファイルにコメントを追加してやり取りする

PDFファイルは、通常、無償のPDFビューワーでは、コメントのやり取りは不可能でした。無料アプリならさまざまなものがありますが、これまで一度も使ったこともないサービスを検討しなければいけないとなると、そう簡単には利用できません。

となると、従来どおり、時間がかかっても、メールにPDFを添付し、「2ページ目の12行目の～」などと場所を指定し、コメントをメールに入力するしか方法がありませんでした。数が多くなると見落としがあったり、変更からさらに変更になった箇所の確認など、ストレス大です。

ところが、実は ドライブ **に保存しているPDFは、「コメントで意見交換ができる資料」に“すでに変わっている”** ことにお気づきでしょうか？

開いたPDFファイルに、直接「コメント」を追加してみましょう。

コメントを追加したい箇所をドラッグして選択し(❶)、右端に[コメント]アイコン が表示されたら(❷)、アイコンをクリックしてコメントを入力します(❸)。入力が完了したら[コメント]をクリックします(❹)。

コメントを追加するときに@のあとにメールアドレスを入力し、共同編集者(ここではEDL先生)を指定してタスクを割り当てることもできます。

割り当てられたEDL先生にはメールで通知され、リンクを開くと右図のように表示されています。

▼フクロウ先生がEDL先生に割り当て

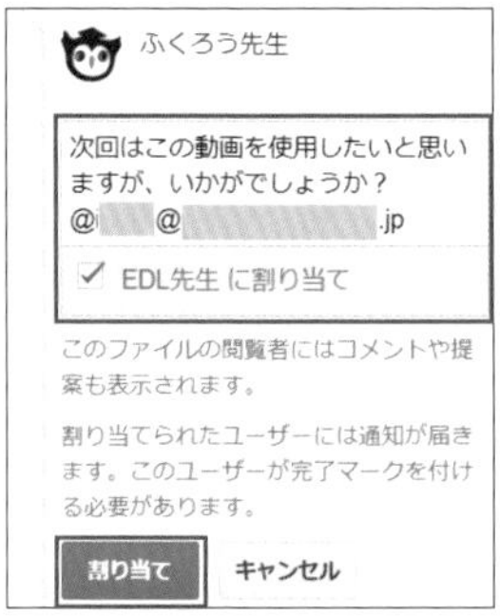

▼割り当てられたEDL先生側の表示

memo
割り当て先の右にある完了マークをクリックしてディスカッションを非表示にすることができます。

コメントは文字列だけでなく画像に対しても追加することができます。

画面右上のコメントアイコン (❶)をクリックすると「コメント対象の範囲を選択します」(❷)と表示されます。

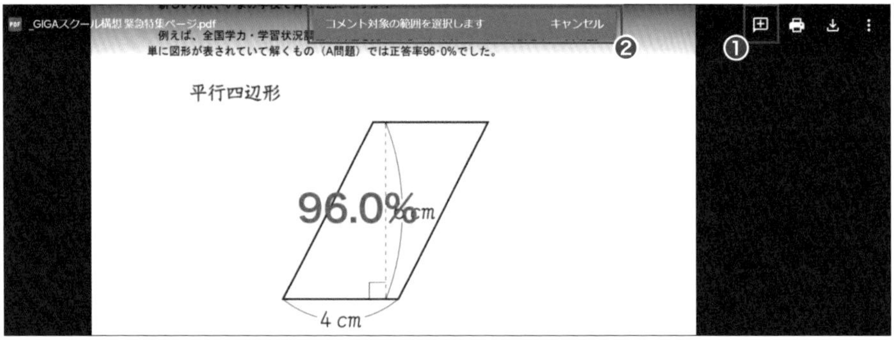

マウスで対象範囲をドラッグして選択する(❸)とコメントができるようになります(❹)。

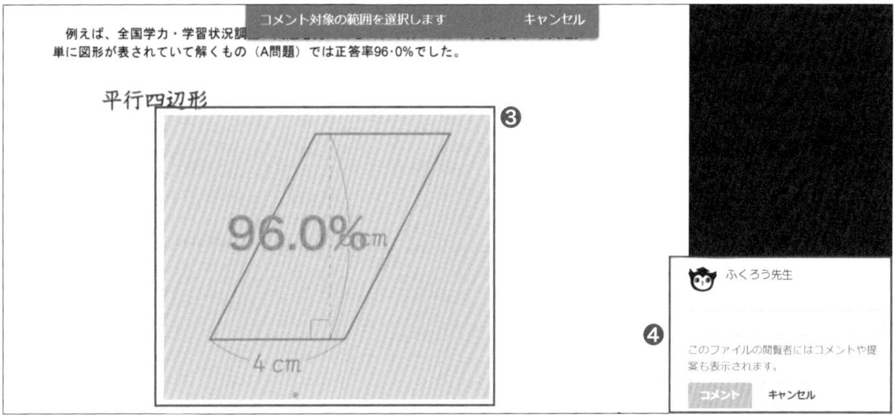

コメントを入力し、[コメント]をクリックするとコメントが完了です。

ここで[解決]の右にある縦3つのドット(その他のオプション)をクリックすると、[編集]、[削除]、[このコメントへのリンク]と表示されます。

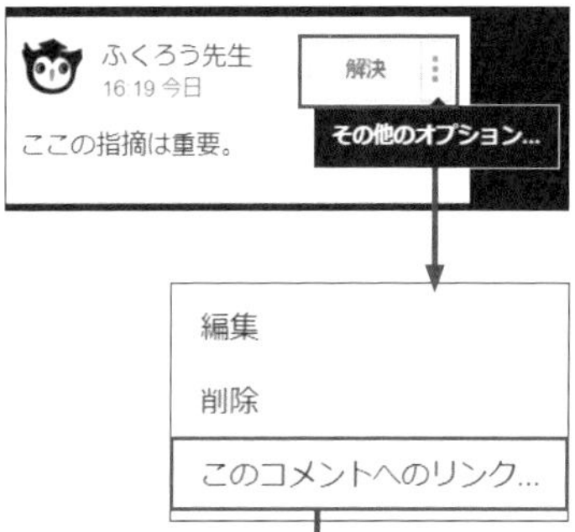

memo
[解決]をクリックして解決済みのマークを付けてディスカッションを非表示にすることができます。

[編集]をクリックすると投稿したコメントの内容を編集でき、[削除]をクリックすると投稿したコメントを削除できます。

[このコメントへのリンク]をクリックするとこのコメントへ直接リンクするURLが表示されます(❶)。

これをコピーして Chat などに貼り付けておけば大変便利です。なぜ便利? このリンクをクリックしただけでコメントした場所がすぐに開くのです。何十ページもの資料であってもあっという間です。

いかがでしたか。コメント機能の有用性についてご理解いただけたものと思います。協働作業には欠かせないツールですね。

第2章では ドキュメント のコメント機能を紹介しましたが、スプレッドシートや スライド にもコメント機能はあります。操作性はほぼ同じですので、どしどし使ってみてください。

全文検索で必要なファイルを瞬時に発見

「校務」のなかで、「探し物タイム」に結構な時間をとられていたことが多くあるでしょう。あまりにもたくさんの書類や資料があり、「あれ、あの書類どこだっけ？」といつも探していませんか？

アナログの書類を探すのも時間がかかりますが、デジタルの書類や資料も、1時間、2時間と探してもどうしても見つからず、結局ゼロから作り直すということもあったかもしれません。ところが、ドライブ に置いたファイルは、瞬時に探し当てることができます。

なぜでしょうか？ それは、ドライブ **に保存されたファイルはすべて「全文検索」できる**からです。

参照
画像内の文字をテキスト化してくれるOCR機能については、第5章の182ページを参照してください。

さらに、画像内の文字をテキスト化してくれるOCR（Optical Character Recognition/Reader、オーシーアール、光学的文字認識）で、写真やPDFなどもすべて全文検索できます。検索ですぐに必要な情報にアクセスできるのです。

参照
ファイルの検索方法や絞り込みについては、122ページを参照してください。

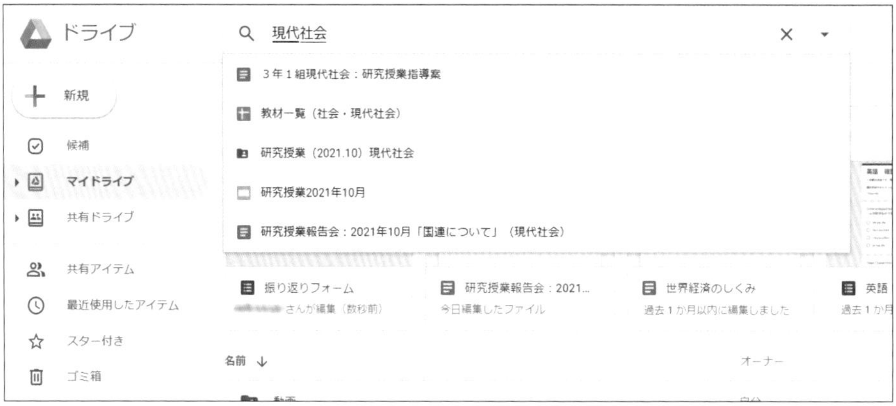

Google は、創業時から自らの使命をこう掲げています。

Google's mission is to organize the world's information and make it universally accessible and useful.
「世界中の情報を整理し、世界中の人がアクセスできて使えるようにすること」

検索が、Google のすべてのスタート地点であり、今後も G Suite を快適にしていきます。

検索をうまく使って、年間1人80時間も費やすといわれている「探し物タイム」を減らし、児童生徒に向き合う時間や同僚とコミュニケーションをとる時間に充てていきましょう。

新・校内コミュニケーションプロセス

3 生産性を10倍に！
情報共有

使用アプリ

Google カレンダー

使い方のポイント

ペーパーレス時代到来！ 情報は一元管理して時短する
- カレンダーの［予定］であらゆる情報を集約
- 相手に聞かなくても予定を調整 / 出欠管理
- 「施設予約」で会議室や備品の貸出管理を楽に

教育現場で「生産性の向上」という言葉は、少々不似合いかもしれません。しかし、「校務」における生産性の向上、言い換えれば「時短」は、求められているはずです。

日本の先生方も、長時間労働で大変です。先生方の「働き方改革」を実現するためにも、**「校務」の生産性の向上**は必要ではないでしょうか？

ここで大事なことは、**今まで当たり前にやってきたことを疑うこと**です。

もし、今やっていることが、「時間の無駄」だったとしたらどうでしょうか。

つまり、他の手段を使えば、もっと早くできるとしたら？ もし、**Google カレンダー**（以下、カレンダー）を使うことで、大きな時短になるとしたら……これはもう、使うべきではありませんか？

タイムリーなコミュニケーションが実現する Chat を使って教職員同士が「相談」できるようになり、スピーディな問題解決が実現するようになりました。

また、ドライブ を使って情報をクラウドにアップロードしておくことで、それを必要とする人が必要なタイミングで使用でき、授業の「協力体制」もできあがりました。

次のステップは、**どのようにICTをうまく使って教職員同士で「情報共有」していくか？** となります。

Chat や ドライブ では、文字を使った情報共有でしたが、やはり、顔を合わせて、直接話し合う機会はとても大事なことです。新型コロナウイルスに配慮しつつも、必要なタイミングでいつでも相談したり話し合ったりするなら、対面だけでなく Meet もぜひ活用して、会議をしてください。

でも、とにかく忙しい教職員同士、いつどんなふうに会議の日程調整をすればよいのでしょうか。

こんなとき、カレンダー が大きな威力を発揮します。

Google カレンダー の[予定]であらゆる情報を集約

カレンダー、個人で使っている方も多いようですが、あなたは使ったことがありますか？

カレンダー はもちろん一人でも使え、予定の管理にとても便利ですね。実は、組織のメンバー全員で使い、予定を「共有」すると、さらに生産性を上げる使い方ができます。

どういうことかというと、自分のアカウントで登録した予定を、同じ組織のメンバー全員が確認できるのです。

「ええっ？ プライバシーの観点から、それってどうなの？！」

「自分の予定がみんなに丸見え？？ それは困る！」

そう思いませんでしたか？

でも、そんな心配は無用です。なにしろ、入力するのは、あくまで関係者には必ず共有すべき「仕事」の予定です。プライベートな予定を入れる必要はありません。

カレンダー に自分の「予定」を登録しておきさえすれば、必要な相手が、必要なタイミングでその予定を見て、空いている日時に会議を入れてくれるわけです。

これで、忙しい最中に予定を聞かれ、手帳を開き、都合を答える必要がなくなります。「カレンダー を見てください」の一言で済んでしまいます。

もちろん、ここでは、**新しいルールが必要**です。どれほど カレンダー に予定を入力していても、その予定を確認もせず、毎回、電話や会うたびに聞いてくる人がいたら、意味がありません。

全員で、カレンダー を使う必要性が、ここにあります。

1. **学校全体の生産性をあげるために、教職員全員が カレンダー で予定を確認する。**
2. **自分の仕事の予定を“必ず”カレンダー に登録しておく。**

この2つの新しいルールを、カレンダー という新しいツールを使うにあたって徹底しなければなりません。難しいでしょうか？

でも、これを実行すると、全教職員のどれくらいの時間が短縮できるでしょう？ やる価値、ありませんか？

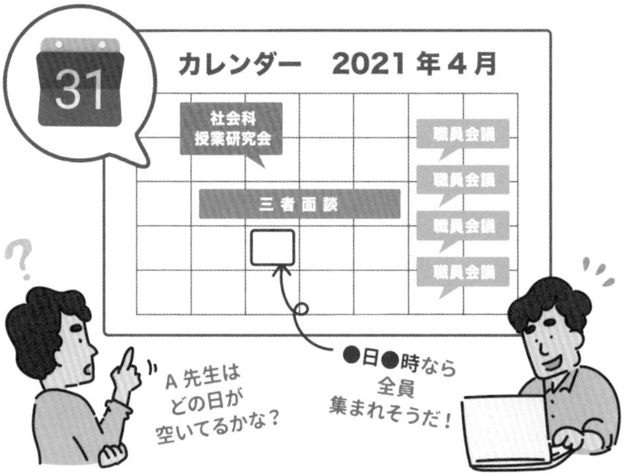

▲カレンダー を共有すれば、全員の予定が確認できる

また、家庭訪問や三者面談などで得られた情報は、今、どのように管理しているでしょうか。

ある書式の決まった用紙に手書きで書く、となると、その用紙を保管している場所に行かなければその内容は見ることができません。また、そこにその児童生徒の情報が書き込まれているということを知っているのは、それを書いた本人だけです。

たとえば、部活で、ある児童生徒の指導方針について迷っている教師がいたとします。担任である別の教師が記録した家庭訪問でのその生徒の情報が大いに役に立つとしたら、それは、組織内では共有されるべきではないでしょうか？

それを簡単に実現するツールが ドライブ でしたね。

この節で紹介する カレンダー は、**「時間」で情報を管理するツール**です。

私たちが資料を探すとき、覚えているのは、「誰」と会って話したときのものなのか、また、「いつ」使った資料なのか、ではないでしょうか？

「ファイル名」は、たとえ自分が作成したとしても、あっという間に忘れてしまうものです。

そこで、**自分自身が必要な情報に素早くアクセスするため**に、「いつ」で検索できる カレンダー を使いましょう。

カレンダー には、[予定] を追加することができます。そして、その予定には [説明を追加] することができます。この [説明を追加] するスペースに、ドライブ に保存したファイルを添付しておくのです。添付といっても「データ連携」しています。

Google アカウントでどのアプリにも情報連携している G Suite for Education だからこそできる技です。

たったこれだけのことですが、**「時間」で「情報」を管理できる**ようになります。

では、実際にやってみましょう。

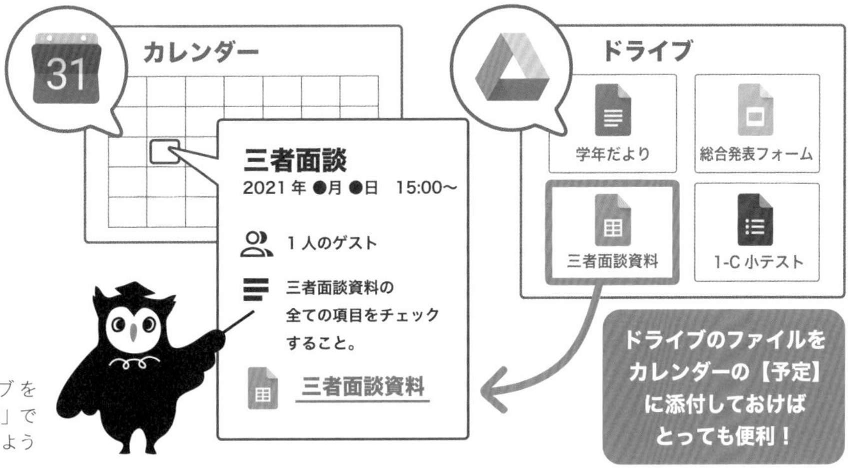

▶ カレンダー とドライブ を連携させて、「時間」で「情報」を管理しよう

カレンダー を立ち上げて予定を追加する

画面右上の［ランチャー］から、**［カレンダー］**のアイコンをクリックし、ブラウザ上に立ち上げます。

カレンダーが開いたら、予定を追加してみましょう。

1. 画面左上の ＋ 作成 をクリックすると（❶）、予定を追加する編集画面があらわれます。
2. ［タイトルを追加］に予定の件名を入力します（❷）。
3. 日時が表示されている箇所をクリックし（❸）、予定の日時を指定します。
4. ［説明または添付ファイルを追加］（❹）は、説明を追加するスペースです。必要な資料や情報を登録できます。
5. 最後に［保存］をクリックすると（❺）、カレンダー に登録されます。

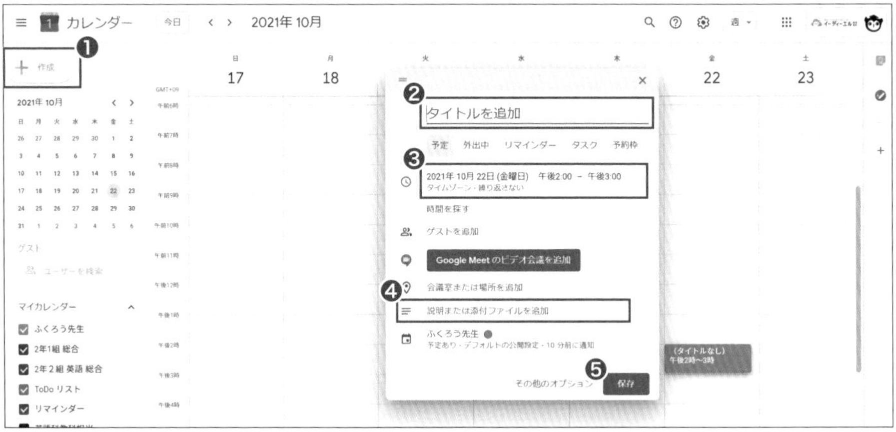

右の画面は、秋の三者面談の予定を作成した例です。

❷には、「三者面談　G子EDLさん」と入力し、❸で日時を指定。

❹には、「令和3年度3年2組G子EDLさん面談資料」というタイトルの スプレッドシート を貼り付けておきます。

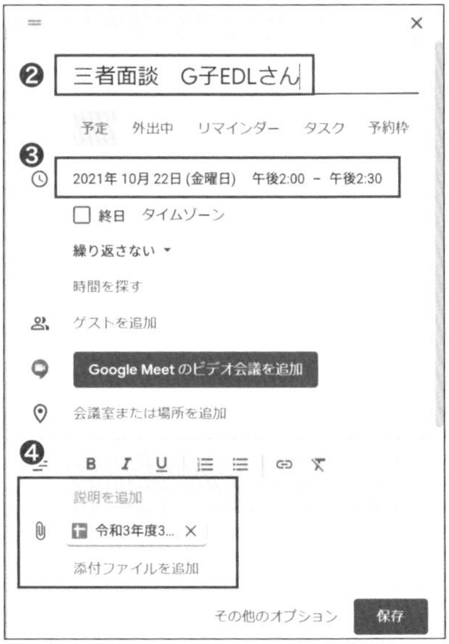

カレンダー から Meet を設定する

通常の三者面談は、直接対面して行うでしょうが、今後は新しい生活様式で Meet を使ってオンラインで面談を実施する可能性もあることでしょう。

Meet を使ってオンライン面談をする場合でも、設定は"これ"だけです。

つまり、**[ゲストを追加]に児童生徒のアカウントを追加するだけ**で、Meet が設定されます。

当日は、教師も保護者も、それぞれのアカウントから カレンダー にアクセスします。「午後2時 三者面談」などと予定が表示されていますのでクリックし、表示された予定画面で**[Google Meet に参加する]をクリックするだけ**で、ビデオ会議が始まります。

面談当日は、本人や保護者から聞いた内容を、前項で カレンダー の予定追加時に添付しておいた スプレッドシート「令和3年度3年2組G子EDLさん面談資料」に記録しておきましょう。

これで、ドライブ から「生徒名」で検索できるようになりますし、一定の時間が経過したあとでも、「あのとき、あの人に聞いた、あの話」を カレンダー の検索からすぐに見つけることができるようになります。

定期的に繰り返す予定を登録する

職員会議や委員会、研修など、教職員にはたくさんの決まった予定があります。

これらの定期的に繰り返す予定をたった1回の登録で設定することもできます。

方法は、日時を指定したあと、[繰り返さない]をクリックし(❶)、表示される候補から選択します。

AIが候補を表示していますが、該当するものがなければ、[カスタム](❷)をクリックして自分で設定しましょう。

繰り返す間隔、曜日、終了日、繰り返したい回数などで設定できます。

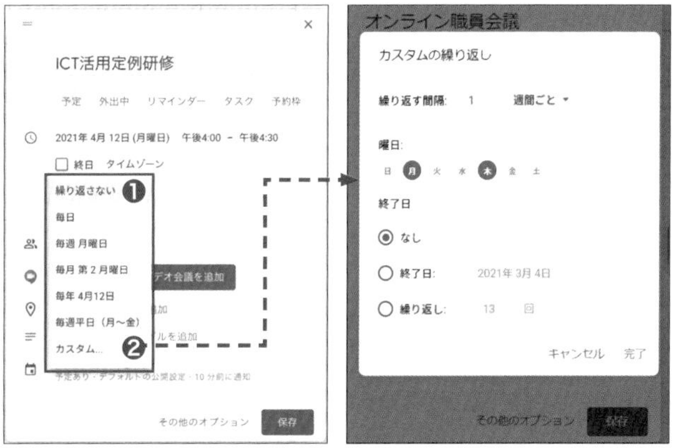

会議資料をカレンダーで共有

カレンダー で会議に参加するメンバーを招待し、必要な資料や情報もすべて「予定」に追加しておけば、もう、メールにパスワードを付けて添付したり、郵送したりする必要がなくなります。Google アカウントに守られているからです。

自分のアカウントで自分の カレンダー の予定を見れば、もうそこに**必要な情報がすべて「共有」されている**、そんな環境を提供できるようになります。

資料の内容が「更新」されれば、そのときの**最新版の状態で、常に「共有」**されます。担当者は、更新された情報を全員に連絡する必要はありません。

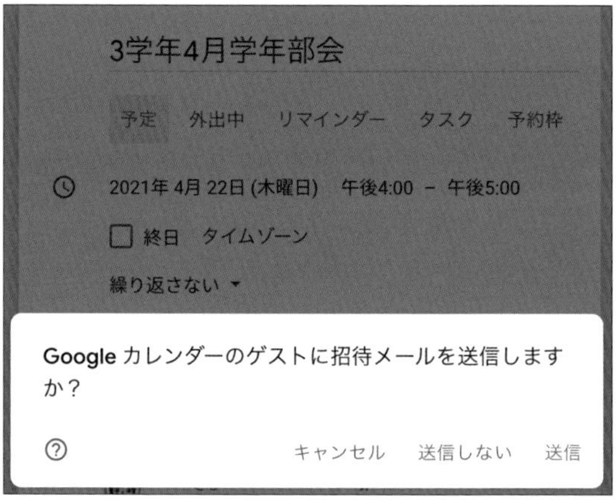

従来なら、自分でメールアドレスを調べたり、メールがなければ、口頭やメモ等で伝えるしかありませんでした。今や1人1アカウントで、教職員にはもっと効率よく情報を共有する手段が与えられているのです。これを、ぜひ活用してください。

カレンダー が、あなたに代わって、参加者全員に更新通知を送ってくれます。

[ゲストを追加] で参加者を登録し、[送信] をクリックすれば、OKです。

メールアドレスにも届きますし、カレンダー を見れば、共有されていることがわかります。

Google アカウントですべての情報が連携されているので、カレンダーを見れば予定とその内容がわかりますし、メールでも通知がいくので、Gmail を見ても確認できます。

しかも、それを Google アプリが自動で設定してくれるので、私たちはクリック1つ、タップ1つで実現できるようになっているのです。

相手に聞かなくても予定を調整/出欠管理

たとえば、同僚3名の先生と、試験問題の検討会をしたいという場合、スケジュールを確認して、「ここは全員、大丈夫」という時間帯に [予定] を作成します。

つまり、自分が普段使っている カレンダー に、他の人からの予定が、勝手にどんどん入ってくる、ということになります。

「カレンダー で相手の予定が空いていれば、仕事に必要な予定を入れていい」

これは、新しいルールです。

他のメンバーの予定を確認する

では、同じ組織の複数名のメンバーの予定を調整する手順についてご紹介します。

画面左上の ＋ 作成 をクリックして、予定の件名を入れるところまでは同じです。他の教師のスケジュールを確認できる方法も、2ステップです。

1. [ゲストを追加] に参加メンバーを指定します。
2. [ゲストを追加] の上に、[時間を探す] ボタンが出てきますのでクリックします。

すると、下図のように、ゲストの予定が表示されます。

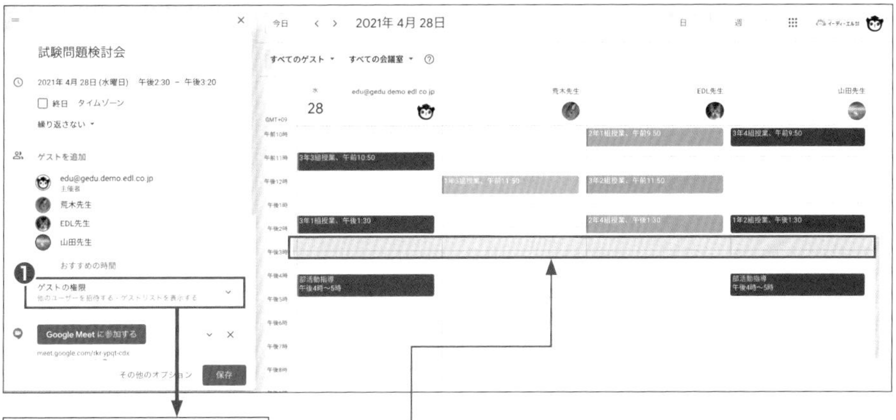

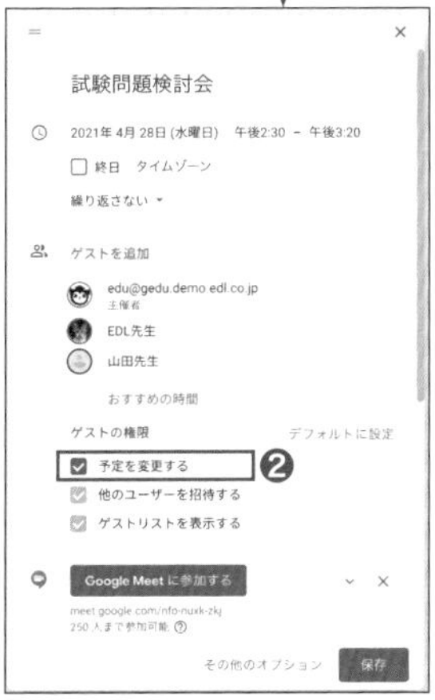

グレーの帯が予定を設定しようとしている時間帯です。もし、他のメンバーの予定が重なっていたら、ドラッグ&ドロップで移動できます。

このとき、画面中ほどの[ゲストの権限](❶)をクリックして[予定を変更する](❷)にチェックを入れて有効にしておくと、会議の参加者が誰でも自由に[説明を追加]スペースに資料などを追加できるようになります。

会議の前に、添付した資料は事前に読んでおいていただく旨を伝えておくと効率のよい進行ができるようになります。

会議の出欠を確認する

カレンダー の予定を［保存］しようとすると、ゲストに「メール送信するか否か」を確認されます。Gmail を有効にしている組織であれば、［送信］を選択しましょう。

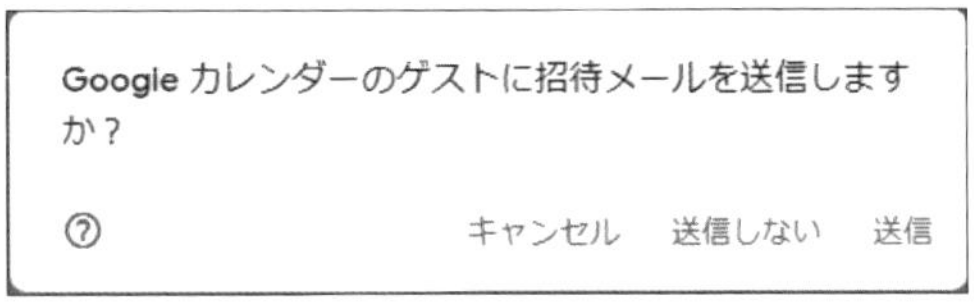

招待されたメンバーは、メールからも カレンダー からも予定が追加されたことがわかります。

また、出欠連絡はメールからも カレンダー からもできるようになります。「はい」「いいえ」「未定」の3つの回答から選択でき（❶）、いつでも何度でも変更できます。

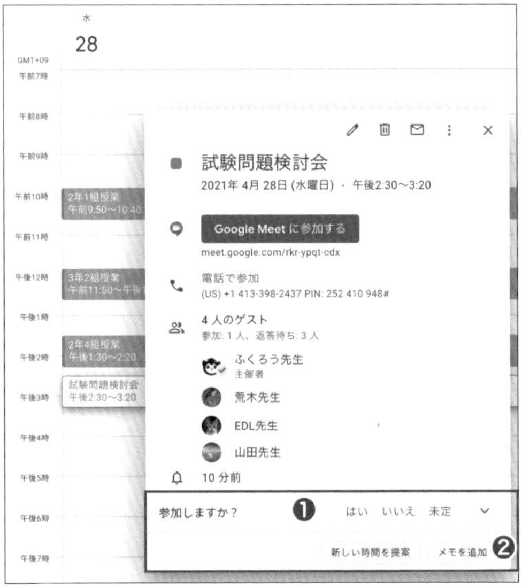

主催者として予定を登録すると、参加予定者（ゲスト）が自分のアカウントのメールや カレンダー から出欠の返事を出すと、主催者のカレンダー上にリアルタイムでゲストの出欠が表示されます。また、ゲストは未定の理由を記したメモを送ることもできます（❷）。

招待されたゲストの立場であれば、出欠連絡をすると主催者の カレンダー に瞬時に反映されます。

もういちいち、誰かが確認のために走り回ったり、メールでのやり取りで出欠管理をする必要がなくなります。

そして、事前に配付された資料に目を通しておけば、当日は、活発な意見交換を行うことに集中できます。

また、当日、どうしても急に参加できなくなった方は、Meet で自宅や外出先から参加し、発言することもできます。録画しておけば、やむを得ず欠席した関係者に、後日見てもらうこともできます。

memo

期間限定で提供されている録画機能に引き続き、2020年後半よりすべてのGoogle for Education のユーザーに、無料で期限付き録画機能が提供される予定です。この新機能により、主催者は授業を録画し動画の有効期限が切れるまで最大30日間、自分のドメイン内で共有することができます。

［予定］の変更・削除

3人の先生とミーティングの調整をしたあと、急な予定が入ってしまいました！

この予定を変更したい場合、どうすればいいでしょうか？

今までなら、対面や電話で日程変更の依頼をいちいち連絡し直していたと思います。しかし、これからは、再度 カレンダー で3人の空いている時間を確認し、勝手に予定を変更してしまえばOK！ あらためて相手には招待メールが配信され、カレンダー も出欠連絡をしていない白地の予定に変更されます。そこで、[説明を追加]のところに変更理由を書いておけば、それで完了です。

時短のためにも、教職員全員であらかじめそういったルールをつくっておけばベターです。新しいツールには新しいルールが必要となります。ぜひ、これまでの“忖度”を廃止して、生産性向上のために新しいルールをつくりましょう。

では、一度登録した予定を、変更・削除する方法です。

予定は、カレンダー 上で「ドラッグ＆ドロップ」すれば、すぐに変更できます。

また、予定をクリックした際、上部に表示される鉛筆アイコン[編集]（❶）をクリックして日時を変更できます。

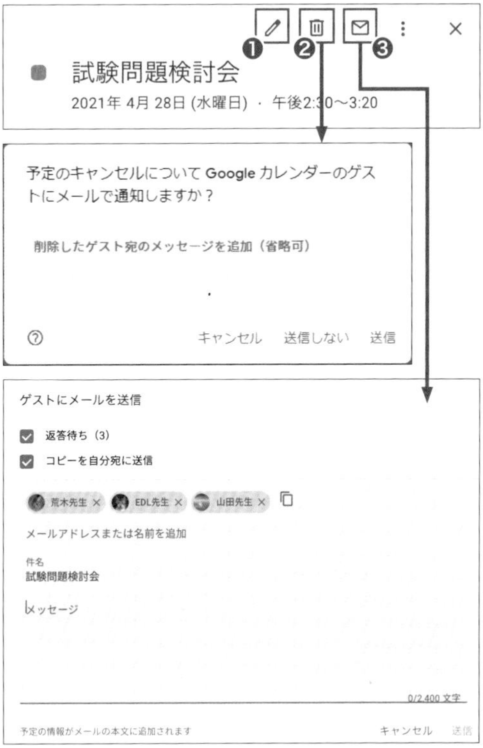

削除するときは、ゴミ箱アイコン[削除]（❷）ですぐに削除できます。

会議の参加者を設定していた場合には、右の画面が表示され、あなたに代わって、全メンバーに予定を削除したことを通知するメールを自動配信するかどうかを確認してくれます。連絡したい場合には、[送信]をクリックしましょう。

最後に、メールアイコン[ゲストにメールを送信]（❸）で、招待したゲストにメールを送ることができます。

たとえば、出欠の連絡がされていなかったとき、相手を指定して、出欠を連絡するようメールを送ることができるのです。いちいちメールアドレスを調べなくてすみ、メッセージを入力すればOKです。

メッセージを入力したら、[送信]をクリックで必要な相手にだけ送信可能です。

「施設予約」で会議室や備品の貸出管理を楽に

memo

リソースとは、「資源」や「資産」という意味です。カレンダーのリソースには、Wi-Fiやプロジェクタなどの共有機器や備品などを登録しておくと便利です。

カレンダー の「予定」には、会議室をはじめ、体育館やマイク、スピーカーなどのリソースを追加することができます。

スマホからでも、ノートPCからでも、カレンダー で共有リソースを予約できますし、ホワイトボードのように間違って消してしまうこともなく、便利に管理できます。

共有施設は、予定の［会議室または場所を追加］から予約します。ここをクリックすると、「会議室の追加」が表示され、クリックで、登録されている会議室やリソースが表示されます。

このリソースは G Suite 管理者が登録します。事前に登録されていれば、組織の全員が利用することができます。

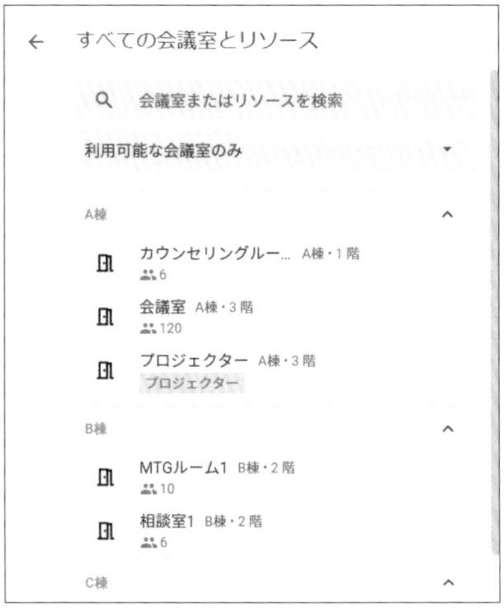

StepUp

リソースの登録方法は Google 検索 で

リソースの登録方法は Google 検索 を使ってみましょう。

ちょっとややこしい操作でも、わかりやすく、あるいは動画で解説しているサイトがたくさん見つかるでしょう。Google の公式ヘルプや、YouTube などで見つけることができます。

検索キーワードは、頭に思い浮かんだ質問をそのまま、単語にして5つ、6つと並べてみてください。そして、［ツール］で［1年以内］を選択すれば、最新情報を絞り込めます。

これで、いちいち、会議室や備品の予約で、校内を走りまわらなくても済むようになります。

◉知りたいことは、“Google 先生”に聞いてみよう

Google ソリューションの進化は非常に速いため、スクリーンショットの画像が、今、本書で表示されている画面とはちょっと違うことは十分想定できます。

そんなときは「**Google 検索**」を使ってください。わからないことや知りたいことがあったときには、ぜひ “Google 先生”に聞いてみましょう。検索の仕方が的確なら、ほとんどの疑問はその場で解決します。

なお、G Suite の公式ヘルプを活用するのもおすすめです。

URLはこちらです。

https://about.google/

上記のサイト上部の［プロダクト］をクリックしてスクロールすると、すべての Google のプロダクトに関する情報とリンクが掲載されており、［スタートガイド］や［サポート］にクリックでアクセスできます。

活用事例紹介 ❸

まずは校務から活用実施 結果として働き方改革に!

~ ICT 活用のスタートはできることからでよい

学校法人神奈川学園 精華小学校(神奈川県) https://www.seika-net.ed.jp/

校務での活用は既存の作業を G Suite に置き換えるところから

Google for Education は、2018年度から校務で使用しています。本校が校務から導入したのには理由があります。**校務で使い慣れ、抵抗感がなくなると、「全員が使える」環境を作ることになります。**そうなると、**「授業で使う土台になる」**と考えました。学習で使うために、まずは全員が使える環境を構築することから始めたことで、慎重に小学生への導入検討ができたと思っています。

最初は、既存の作業を G Suite に置き換えていきました。たとえば朝の打ち合わせでは、各自がメモをとっていましたが、今は共有や同時編集ができる Google ドキュメント を使っています。

導入を検討している先生方がいらしたら**「うちの学校のあの方法は、これに置き換えられる」というその学校独自の作業を実際に置き換え**てみてください。新たな発見、使い道ができればもう流れはバッチリです。そこでひとつオリジナルが完成です。

校務での活用は結果として働き方改革に!

小学校なので授業では、成果物やアナログとの互換性の魅力から Google スライド を使う機会が多いのですが、校務ではいろいろな G Suite アプリを活用しています。 G Suite を導入したことで、校務の効率化が進んで、結果としては「働き方改革」になりました。

一番よかったのは、全学年クラスの時間割を1枚

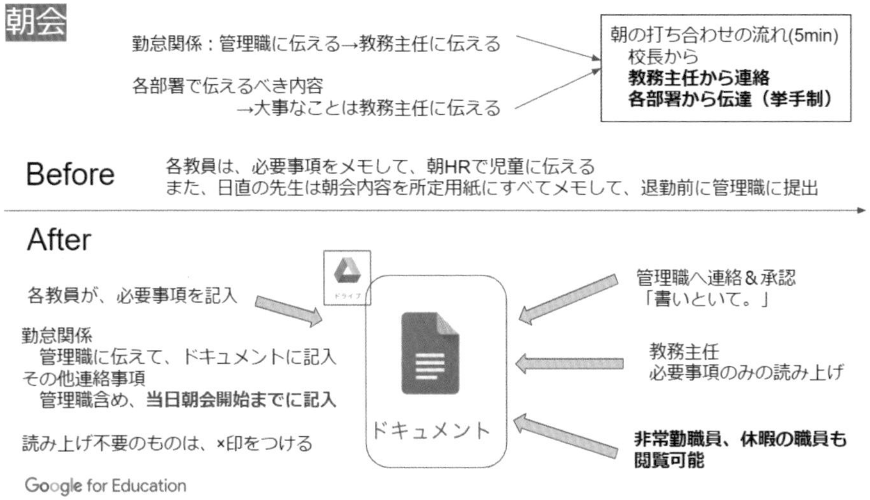

朝会で G Suite を取り入れて、こう変わった

にまとめたGoogle スプレッドシート です。みなさん、有給何日とりましたか？ 私は10日とりました(笑)。この話をすると驚かれますが、教員もリフレッシュやプライベートの時間は大事ですよね。休めるときは休みましょう！(笑)

本校は専科制なので、有休をとりたい日の自分の授業をゼロにすればよいのですが、そのためには授業変更が必要になります。授業変更は時間割の スプレッドシート で授業を入れ替え、相手の先生とコメントでやりとりするだけです。以前は、すでに変更されていないかという確認が大変でしたが、**今は スプレッドシート を見ればすぐにわかります。** すべてのクラスの時間割を1枚にまとめているので、学年を超えた確認も簡単にできます。さらに授業時間数もカウントしているので、クラス間で教科の授業時間数のズレがあってもすぐにわかり、修正もできます。

ICT活用のスタートはできることからでよい

児童は、学校にある Chromebook を使っています。昨年度、Google アカウントを配布したのは一部の学年でしたが、今回の休校措置で全学年にアカウントを配布しました。

休校となって一気に入れたということもあり、4月はICTや G Suite に慣れる時期ととらえて、ゆっくり課題を配信しています。**担任からの連絡・簡単なクイズなどからスタートして、ICTに触れる機会を増やす**ような形で使い始めました。「ICTを用いて学習機会を作る」スタートです。中高と違う小学校ならではの慎重なスタートの仕方ですが、児童も保護者もICT嫌いを作らないよう、無理のないスピードで、できることからでよいと考えています。

昨年度は、総合的な学習の時間で Chromebook を使った Google スライド の共同編集や、タイピング、プログラミングの体験授業などを行いました。4年生が初めて Chromebook を使うときは、先に使っていた5年生が扱い方をレクチャーしてくれました。4年生はそこで教わったことを次は3年生に教え……そういった学び合いはとてもよかったです。教えるときにわからないことがあっても、もはや私たち教員を呼ばず、隣の人に聞いていました。詳しい子がさっときて、その場で教えていたので、わからなかった子も下級生も教わることができていて、自然にそういう状況になるというのは本当に素敵だなと思います。

できるところから G Suite のツールを使い始め、今では活用がどんどんひろがってきた

（共同編集する様子を電子黒板に表示する）向井崇博先生

Chromebookの使い方について
児童同士が教えあう様子

児童は、G Suite や Chromebook を使うようになり自分から発信することが以前よりできるようになってきました。教員がヒントを与えて選択肢を広げなくても、「あれができるならこれもできるかも」と子どもたちが自分で考えるようになってきています。先生方も、2年前から校務でG Suiteを使用していたので、自然と仕事の中に G Suite が溶け込んで、使えるようになってきています。活用を始めてしばらくたって、軌道に乗ったと思えていますが、私たちが進めた方法が一番の正解（Best）だったかはわかりません。ただ、使っていくことで、たくさんの「Better」に出会えたと思っています。Betterが増えれば増えるほど、活用が進み、意地をはらずに良いものをシェアしあっていけるようになりました。アラ探しではなく、ブラッシュアップが増えました。

子どもたちも先生方もアップデートし続けています。教員集団としても変化に慣れやすい環境になってきました。今後も G Suite やICTを使用していきますが、小学生という時期だからこそ、紙と鉛筆を使用した従来の方法も大事にしたいです。本校では、「質の良いアナログを研ぎ澄ます」ことも必要と考えています。

やっぱり主役は子どもたちです。子どもたちの可能性の幅を広げることを願い、ICT活用を進めていきます。

活用へのヒント 『SAMRモデル』をイメージしてステップを踏む

今までの校務を、G Suite を使ったやり方に「置き換える」というところから始め、成功した事例です。精華小学校では、実践は難しいけれども**『SAMR（セイマー）モデル』**をイメージしてステップを踏んでいるということでした。

『SAMRモデル』とは、学校現場におけるICT活用レベルを示すモデルで、「Substitution（代替）」「Augmentation（増強）」「Modification（変容）」「Redefinition（再定義）」の頭文字を集めた用語です。

・**Substitution：代替**

教室で逐次先生が指示を与え、学習者が端末を扱う（授業の教具）

例）資料は紙での配付ではなく、生徒の端末へ配信する
レポート用紙ではなく スライド にまとめる

➡ **Augmentation：増強**

先生の指示がなくても、毎授業で学習者が端末を扱う（日常文具的活用）

例）紙資料に加え、インターネットを使って情報収集する
スライド を共有し、生徒同士で読み合う

➡ **Modification：変容**

学習者の目的に応じて場所や端末を選択して活用する（学習目標の大幅変化）

例）教室や自宅のPCで、協働で資料を作成する
コメント機能や チャット を使い、意見を交換する
発表の様子を YouTube にアップして他校との交流授業を行う

➡ **Redefinition：再定義**

授業以外でも端末を活用することで学校の意義が変わる（教育課程の転換）

例）海外の学校とオンライン会議でつなぎ、互いに用意したスライドで文化交流を行うなど、空間的、時間的にとらわれない全く新しい授業を創造していく

GIGAスクール構想で1人1台日常利用ができるようになるとAugmentation（増強）にステップアップできます。今すぐとりかかれるSubstitution（代替）に Google for Education でチャレンジしていきましょう。

<参考>教育情報化の SAMR モデル（豊福晋平・国際大学グローバル・コミュニケーション・センター）

第4章

G Suite for Education を導入するには

Google for Education

G Suite for Education の導入、活用を成功させるには？

G Suite for Education の導入、活用を成功させるにはどうすればいいのでしょうか？

G Suite for Education に限らず、教育ICTの導入・活用がうまくいっている学校の共通点として以下の3つが挙げられます。

- **教育目標と親和性のあるICT導入のビジョンが明確である**
- **ICTを活用して児童生徒にどんな力をつけてほしいのかなどの目的が明確である**
- **運用・環境をサポート、改善できる体制を整えている**

そうなんです。**この3つをクリアすればよい**のです。

ICTを導入すること自体が目的になってしまったために、うまく活用できてない例も残念ながらあるようです。そのような悲劇をこれ以上生まないためにも、まずは、**「こんな学校にしたい」「こんな授業をしたい」ということを、最初に考えましょう。**

本章では、G Suite for Education の申し込みから運用開始までの手順、ユーザーやデバイスに対して適用するポリシーの設定、セキュリティ設定、管理・運用上役立つポイントなどについて解説していきます。主に管理者の方が対象の内容となりますが、それ以外の方にも知っておいてもらいたい内容をまとめました。

G Suite for Education 導入プロセス		使用するアプリ	ポイント POINT
1. 導入	申し込み手順・運用デザイン	―	• 導入のビジョン・目的を明確にする • G Suite for Education を申し込む • 運用ルールを事前に決める
2. 詳細設計	利用開始に必要な設定	Chrome Education Upgrade	• ユーザー設定を理解する • WiFi 設定を理解する • セキュリティ設定を理解する
3. 検証	実適用と動作確認	Chrome Education Upgrade	• 設定の変更履歴を保存する • 動作確認をする
導入のポイント：トラブルを未然に防ぐ		―	• 登録するドメインを確定する • いつでも繋がる WiFi を確保する

G Suite for Education
導入プロセス

1 導入

申し込み手順・運用デザイン

ポイント

- 導入のビジョン・目的を明確にする
- G Suite for Education を申し込む
- 運用ルールを事前に決める

本章の冒頭に述べましたが、教育ICTの利活用が円滑に進んでいくためには、導入の**「ビジョン」と「目的」**が明確であることが重要です。

そのような「ビジョン」、そして「目的」は、どのように設定すればよいのでしょうか？まずはそこを押さえましょう。

次に、具体的な G Suite for Education の申し込み手順、そして運用開始までに設定しなければならないことを解説します。

導入のビジョン・目的を明確にする

「ビジョン」とは、辞書で引くと、「将来のあるべき姿を描いたもの。将来の見通し。構想。未来図。未来像。」とあります。

たとえば、教育目標の一つに「明日の国際社会で活躍できる人材になる」ということを掲げていれば、

国際社会 ➡ グローバル社会 ➡ インターネット前提社会
➡ 情報通信技術を適切に使える力

といった発想で、

ビジョン：「明日の国際社会で活躍できる人材になる」(教育目標そのもの)
目的　　：「情報通信技術を適切に使える力の育成」

とすることができます。

また、「人と協調してより良い社会を築く人になる」という教育目標であれば

ビジョン：「人と協調してより良い社会を築く人になる」(教育目標そのもの)
目的　　：「ICTを活用して協働作業できる力の育成」

とすることができます。

ビジョンは「伝えた」からといって「共有」できるものではありません。

ビジョンを浸透させるために必要なことを、ぜひ関係者全員と、ビジョンについて語る機会をつくってみてください。

人は話すことで、咀嚼し、理解します。自分の言葉として語ることで、本当の意味で自分のものになるのです。

方針と自分との関係について話す機会があってはじめて、方針に基づいた行動が生まれます。

それぞれの学校の教育目標から、教育ICT導入のビジョン・目的は、ある意味、自然と導き出されるもの。

「こんな学校にしたい」から「ICTをこう使おう」とか

「こんな授業をしたい」、だったら「ここでICTをこんなふうに使えば効果的なんじゃない？」と、教職員がそれぞれ語り出す展開になれば、しめたものです。

▼導入のビジョン・目的を明確にしよう

G Suite for Education を申し込む

これまで導入されてきた方から問い合わせの多かった質問のトップ4は次のとおりです。

- **学校ならどこでも申し込めるの？**
- **申し込む前に準備することは？**
- **どこから申し込めばいい？**
- **申し込みからどれくらいの期間で使えるようになるの？**

これらに対して、ズバッと解決する方法をお伝えしていきます。

学校ならどこでも申し込めるの？

G Suite for Education は、**特定の基準を満たしている教育機関**のみ申し込むことができます。基準の詳細について記載しているWebページのURLを掲載しておきますので、ご自身の所属する組織が対象となるのか事前に確認しておきましょう。

判断が難しい場合でも、まずは申し込みをしてみましょう。申し込み後に Google の審査があり、そのタイミングで資格があるかどうかが判断されることになります。

G Suite for Education の利用資格 - G Suite 管理者 ヘルプ
https://support.google.com/a/answer/134628

申し込む前に準備することは？

申し込みはインターネットの専用ページから行います。住所、電話番号など必須の情報がありますので、**申し込みを始める前に情報を集めておく**ことを推奨します。

具体的には次のような情報が必要になります。

▼申し込み時に必要な情報

準備する項目	項目の内容
機関名	教育委員会名または学校名
貴校・貴所のウェブサイト	学校等のホームページのURL
生徒や教職員の数	"1～100人"…といった選択肢から選ぶ
貴校・貴所の所在地と電話番号	所在国名、貴校・貴所の電話番号
組織の住所	郵便番号、都道府県、市町村ほか
ご連絡先	Googleからの連絡用に使用するメールアドレス（定期的に確認するアドレス）
貴校・貴所のドメイン所有に関する情報	xxx.ed.jpなど
ログイン情報	管理者のアカウントを作成（ユーザー名と8桁以上のパスワード）

memo
ドメイン名とはインターネット上の「住所」のようなものです。メールアドレスtest@sample.ed.jpの場合ドメイン名は「sample.ed.jp」です。

このなかで、「貴校・貴所のドメイン所有に関する情報」については難しく、悩むことが多いところでしょう。161ページの「導入のポイント：トラブルを未然に防ぐ」の解説を参考にしてください。

どこから申し込めばいい？

次のリンクにアクセスすると申し込みページに移動します。[次へ]をクリックして進めていってください。

● **G Suite for Education申し込みページ**

https://gsuite.google.com/signup/edu/welcome

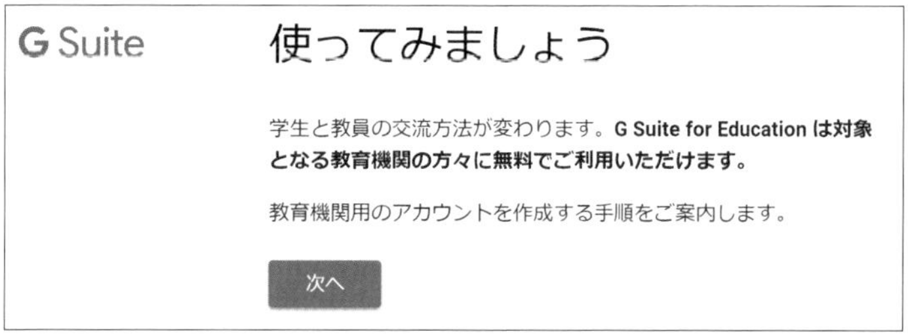

申し込みからどれくらいの期間で使えるようになるの？

申し込む組織やドメインの管理状況によってかかる期間はさまざまです。必ずこの期間でという保証はできませんが、これまでの私たちの経験から**目安**を示します。

▼申し込みから使用開始までにかかる期間の目安

目安期間	ステップの内容
30分程度	G Suite for Education の申し込み
数週間～1ヶ月程度	ドメイン所有権の証明 ※ G Suite for Education の申し込みの手順のなかでドメイン購入した場合は不要
通常は2週間程度	Google による審査 ※ 審査中は、一定の期間において G Suite Basic の試用版を利用可能（作成できるユーザー数に制限あり）

G Suite for Education の運用ルール

G Suite for Education の申し込みを行い、Google の審査が完了するまでの間は、制限付きで G Suite を利用することができます。ただし、多くのことはできませんので、その間に実際に運用が開始された際の**運用ルール**を関係者のなかで決めておきましょう。

実際に運用を行っていく際の「よくある悩み」はどの組織においても共通するところがあります。ここでは、以下のよくある共通の悩みトップ3について、その解決策を説明していきます。

- **ユーザー名の命名規則をどのようにしたらいいの？**
- **組織部門の構成をどのようにしたらいいの？**
- **トラブルがあった場合にどのように対応すればいいの？**

ユーザー名の命名規則を決める

そもそも**「ユーザー名」って何？** と思った方もいるのではないでしょうか。

G Suite for Education では、教職員と児童生徒一人ひとりに「**アカウント**」という名の**メールアドレス**を発行することができます。

たとえば、test@sample.ed.jpというアカウント、つまりはメールアドレスがあった場合に、「ユーザー名」は@より手前の「test」がそれに相当します。

▼test@sample.ed.jp の例

アカウント　＝　メールアドレス	
ユーザー名	**ドメイン名**
test	sample.ed.jp

この**ユーザー名は個人を特定し検索をする際などあらゆる場面で利用されるもの**であるため、**一定のルールを設けて作成**する必要があります。

さまざまあるユーザー名の命名規則のなかから3つの例を紹介します。

私学の場合には、幼稚園から高校、大学まで一貫して同じユーザー名を利用することも想定できます。また、公立の学校でも小中一貫校であったり、中高一貫校であったりと、さまざまなケースが想定できます。

いずれにしても**ユーザー名は長期間使用する**ことになりますので、運用上の利点、欠点をよく洗い出し、**ICT担当者の運用上の負担軽減や児童生徒の活用を妨げない**ような命名規則を考えることが大切です。

▼「ユーザー名」の命名規則

命名規則	ユーザー名の例	検討事項
姓＋名	yamada-taro	・同姓同名の場合のルール ・小学校低学年の児童のキーボード入力への対応
接頭辞＋ 既存のID（学籍番号など）	t-123（教師） s-20123（児童生徒）	・教師か児童生徒か判別しやすい ・公立の場合は小中学校で同じユーザー名とするか、それぞれ分けるか
入学年度＋新たなID	20-1234	・全教職員、児童生徒に新たな番号を付与・管理する手間がある
＜ユーザー名に使用できる文字＞ 小文字のアルファベット（a～z）、数字（0～9）、ダッシュ（-）、アンダースコア（_）、アポストロフィ（'）、ピリオド（.）		
＜ユーザー名に使用できない文字＞ 連続した複数のピリオド（.）、アクセント記号、アクセント付き文字、アンパサンド（&）、等号（=）、山カッコ（<、>）、プラス記号（+）、カンマ（,）		

組織部門の構成を決める

組織部門の概念を文字で説明することはとても難しいため、ここでは図で示します。

▼組織部門の構成例

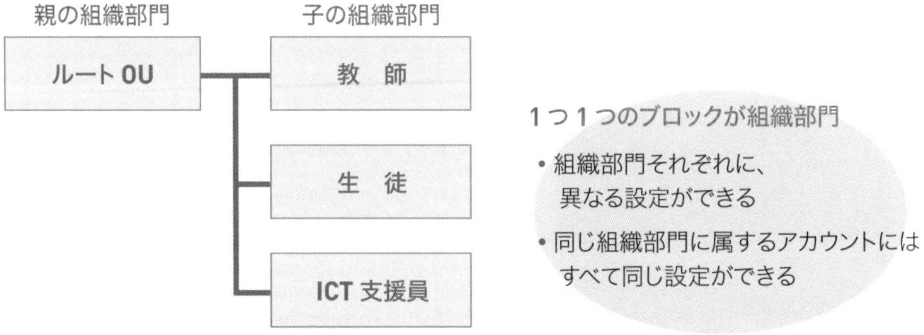

memo

ルートOUとは、G Suiteの利用開始時点から存在している組織部門のことです。最上位に位置する組織部門となるので、ルートOUの親の組織部門は存在しません。

1つ1つのブロックが組織部門であり、ツリー構造をとることができます。上図では左にあるものが**親の組織部門**で、右にあるのが**子の組織部門**というとてもシンプルな構成となっています。

組織部門はいわゆる組織図のように、ただ組織の名称をツリー構造で示しているだけではありません。他にも**役割（機能）**を持っています。

たとえば、次のようなものです。

- **組織部門には「アカウント（＝メールアドレス）」を所属させることができます。**
  （※ 端末も所属させることができる。）
- **組織部門には“ポリシー”と呼ばれるさまざまな「設定」を適用することができます。**
- **親の組織部門の設定は子の組織部門に引き継がれます（継承）。**
- **引き継がれた設定をさらに変更（上書き）することができます。**

上記4つの機能をまとめると、

組織部門にはそれぞれ異なる設定を適用することができ、
同じ組織部門に属するアカウントはすべて同じ設定が適用される

ということです。

組織部門の構成を考える際に、ものすごく難しく複雑に考えてしまいがちですが、言い方を変えれば、組織部門は「設定を適用するためのアカウントの集団の名称」であり、**組織部門の構成を考える＝同じ設定を適用できる集団をどのように分ければいいのかを考える**ことに相当します。

ここで、初めに示した図に戻りますが、この場合、「教師」という組織部門に属するアカウントはすべて同じ設定でよい、「生徒」という組織部門に属するアカウントはすべて同じ設定でよい、と考えた場合の組織部門の構成だったということが言えます。

通常、**組織部門は複雑にする（ツリー構造の階層を深くしていく）ほど年次更新等での作業が煩雑**になってきます。そのため、**できるだけシンプルな構成**を考えるようにしましょう。

トラブル対応フローを決める

1人1台、1人1アカウントが導入されると管理する対象（端末とアカウント）が増えるためICTに関わるトラブルも増加することを想定しておかなければなりません。

従来はごく少数の担当者ですべて管理するのが当たり前だったかもしれません。しかしながら、1人1台、1人1アカウントが始まり、普通教室で日常的に端末を活用するようになるとマンパワーが足りなくなるのも容易に想像ができます。

では、どのような対応ができるでしょうか？

ここで、先行事例を1つご紹介します。

それは、**児童生徒が主体となるICT委員を構成し運用している事例**です。

よく言われることですが、ICT機器に関しては先生より児童生徒のほうが早く使いこなしてしまいます。つまり、そういうことだったら児童生徒にICT委員をやらせてみよう、という発想です。

ただし、当然ながら端末メーカーやネットワークベンダーなどへの連絡まですべてを児童生徒に任せているわけではありません。

たとえば「端末が起動しない」という事象の場合、トラブルの受付をICT委員で行い、修理が必要なのか、修理不要でも解決できそうかの一次判断をします。修理が必要と判断したときは、担当の教職員に引き継ぎます。修理が必要ない場合は、端末所有者に対処法を説明し引き渡します。

このような**一次判断ができるICT委員**が学校内に一定数いると、**教職員の負担軽減**にもなり、**児童生徒が主体的に活動できる場**を提供することに繋がり、他の子供たちにもよい刺激になるのではないでしょうか。

このような体制を築き上げるのは一朝一夕にはできません。特に小学校では中学年以上でないと厳しいかもしれません。

PCのトラブルだけがICTのトラブルではありません。たとえば、プロジェクターの接続がうまくできない、Wi-Fiが繋がらない、など教室の中で起こり得る小さなトラブルでもそこにICT委員がいてサクッと解決してくれたら、どれだけ頼もしいことか。

GIGAスクール構想で1人1台、1人1アカウントが普及していく過程で、**近くにいる大人たちがいかに児童生徒を信頼し頼る**ことができるのか。このことが、成功する学校とそうでない学校の運命の分岐点になるのかもしれません。

G Suite for Education
導入プロセス

2

詳細設計

利用開始に必要な設定

使用アプリ

Chrome Education
Upgrade

ポイント

●ユーザー設定を理解する
●WiFi 設定を理解する
●セキュリティ設定を理解する

point
Chrome Education Upgrade
Chromebook を管理するために必要なもので、1台に1ライセンスを適用する必要があります。

G Suite for Education を利用開始するにあたり必須な設定は次の3つです。それぞれどういった設定なのかを理解しておきましょう。

- **ユーザー設定**
- **WiFi 設定**
- **セキュリティ設定**

設定がいかに簡単に行えるのか、解説していきます。

「"簡単"ってカンタンに言うけど、本当に簡単なの？」と思っている方、いませんか(笑)。

ユーザー設定を理解する

"ユーザー"とは"アカウント"とほぼ同義だと考えてください。つまり、ユーザー設定とはアカウントに対する設定となります。

ここでは代表的な設定についてみていきましょう。

安全なネット利活用に必要な設定

〖セーフサーチと制限付きモード〗

暴力的なコンテンツなどを Google 検索や YouTube 検索で表示されないように設定することができます。

〖URL のブロック〗

URL を登録することでそのウェブサイトをブロックすることができます。「ブラックリスト」と「ブラックリストの例外」の2種類を登録できます。

たとえば、「https://sample.com」のようにブラックリストに登録できます。

では、**どのような基準でブラックリストに入れるのでしょうか？**

ある ICT 先進校の先生によれば、**学びに関係するか？** という基準だけで判断しているとのこと。

ガチガチに制限をかけてしまうと、それを突破してみようと試みたりする児童生徒がでてきたり、そもそも学びに必要な有益なサイトまで見れなくなったりと弊害も多くなります。ですから、学びに関係のない利用を発見したときにだけブラックリストに登録をしているそうです。

アプリの導入を数分で終わらせる設定

memo
小学校低学年向けにおすすめできる拡張機能を172ページでも紹介しています。

G Suite for Education では数クリックで Chrome ブラウザへの拡張機能の自動インストールや Chromebook への Android アプリの自動インストールの設定を完了することができます。

え？ PC1台1台起動してインストールすると思ってたけど違うの？

そうなんです。G Suite for Education とさらに Chromebook を導入することで、本当に数クリックで拡張機能やアプリの自動インストール設定が完了してしまいます。

参照
サポート作業削減率
出典：
2017年 IDC Research [Japan] Google for Education とは
https://youtu.be/wkNomUwxS2k

これは本当に驚くべきことで、Google によると従来のデバイス管理に関するサポート作業と比較して

サポート作業削減率　　　約90%

と言われています。

memo
管理者は、「管理コンソール」という管理者専用のページにアクセスできる権限を持ち、組織内のユーザーの追加や削除をはじめ、G Suite for Education に関するさまざまな設定を管理することができます。

1つの学校で管理するのであれば、管理者が2名で十分な場合が多いです。教育委員会単位で管理する場合でも、数名の管理者がいれば事足りるかもしれません。

管理者は「**管理コンソール**」と呼ばれる専用のページから数クリックするだけで大規模な数の端末を一括管理することができます。

memo
管理コンソールを表示するには、ブラウザのアドレスバーに https://admin.google.com/ を入力してアクセスします。

拡張機能「Google 翻訳」を自動インストールする

それでは、拡張機能「Google 翻訳」の自動インストールを例に、どれくらい簡単に設定できるかをみていきましょう。

次の画像は拡張機能をインストールする際に使用するページの概観です。

▼拡張機能やアプリをインストール設定するページの概観

1. はじめに、どの組織部門に拡張機能をインストールするのかを画面左側でクリックして指定します。右の画像では“【教員】”という組織部門をクリックして指定しました。

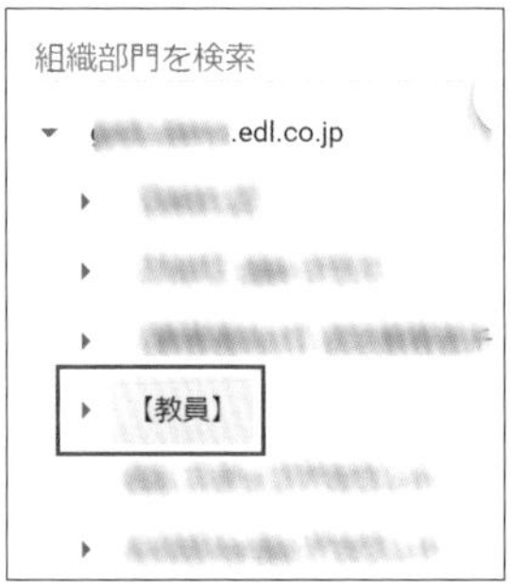

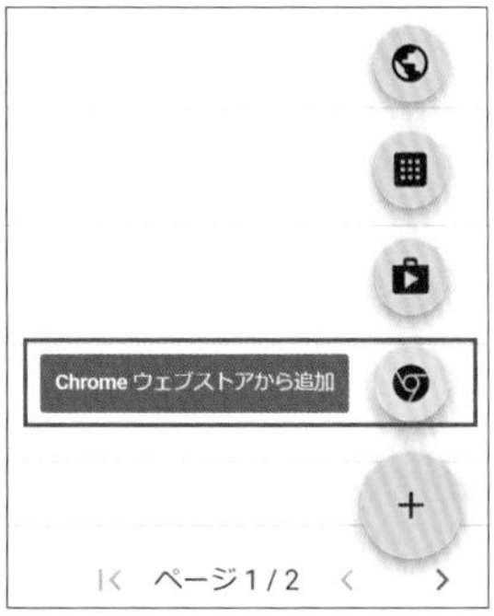

2. 次に、画面右下にある + をクリックして［Chrome ウェブストアから追加］をクリックします。

3. アプリを検索するウィンドウが表示されるので、検索欄に「google翻訳」と入力し Enter キーを押します。

4. Google 翻訳 の［＋選択］をクリックします。

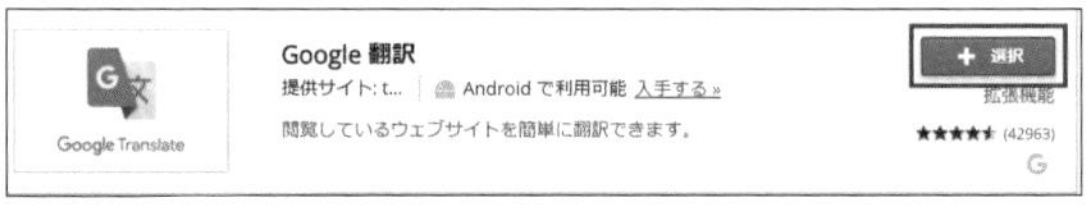

これで、管理コンソール上に拡張機能「Google 翻訳」が登録されました。

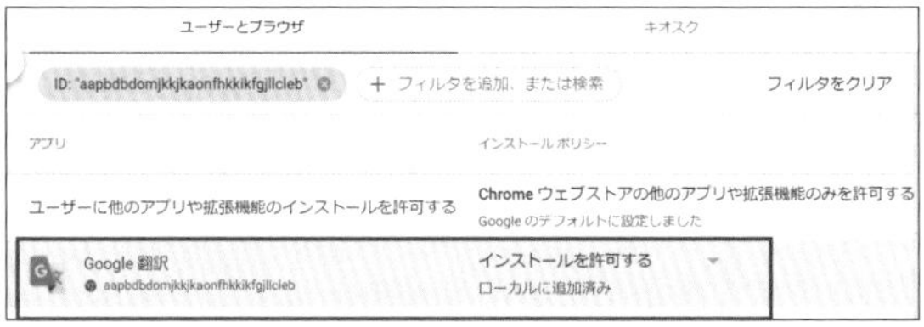

5. 最後に、[インストールを許可する]という部分をクリックして、[自動インストールする]を選択し、画面右上の[保存]をクリックするだけで完了です。

ここまで、設定できたら、あとは利用者がそれぞれ Chrome ブラウザを立ち上げたときに、**組織部門“教員”に所属している利用者(アカウント)に自動的にインストール**が始まります。

いかがでしたでしょうか？
え、これで終わり？と思った方もいるのではないでしょうか。
本当にこれだけです(笑)。
このように管理を劇的にシンプルにできるのが G Suite for Education です。

Wi-Fi設定を理解する

memo
SSID(Service Set Identifier)とは、アクセスポイントの識別子(名前)のことです。

児童生徒1人1台の環境で G Suite for Education を利用するためには、Wi-Fiはなくてはならない設備です。管理コンソールから**特定の組織部門に対してそれぞれ異なるWi-Fi(厳密にはSSID)を割り当てる**ことができます。

Wi-Fiを設定する

Wi-Fiを設定する基本的な手順をはじめにご紹介します。ここでは Chromebook が導入されていることを前提として説明します。
皆さんも普段スマホやPCを使用するときにWi-Fiに接続することがあるかと思います。
その場合、接続したいSSIDを探して選択し、パスフレーズ(暗号化キーとも呼ばれます)を入力して接続が完了する流れになるでしょう。

G Suite for Education のWi-Fi設定では、この**SSIDとパスフレーズをあらかじめ設定**しておくことで、**Chromebook を起動するだけで自動的にWi-Fiに接続させる**、といったことが手軽に実現できます。
それでは、具体的な設定手順をみていきましょう。
ここでは、“教員”という組織部門が存在しており、そこに属するアカウントに特定のWi-Fiを割り当てるという想定で説明します。

次の画像はネットワークを設定する際に使用するページの概観です。

▼ネットワークを設定するページの概観

はじめに、**どの組織部門のネットワークを設定するのか**を画面左側でクリックして指定します。これはアプリの自動インストールのところでも説明しましたが、設定する際に必ず必要なステップです。

1. ここでは、"【教員】"という組織部門をクリックして指定します。

2. 次に画面の右側の［Wi-Fi］の箇所で［Wi-Fi ネットワークを作成］をクリックします。

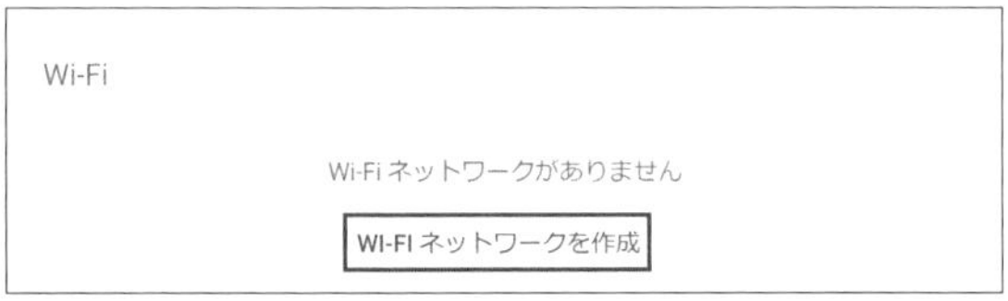

3. すると縦長の設定画面になります（長いため画像は分割して載せています）。
今回は「【教員】という組織部門に属するアカウント」に設定をかけるため、右の画面のように［Chromebook（ユーザー別）］にチェックを入れます。

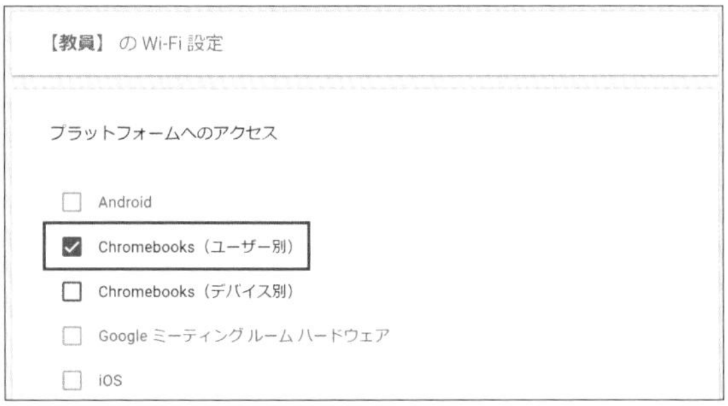

memo
"ユーザー別"は"アカウント別"と同義であると捉えて大丈夫です。

4. 続けてスクロールダウンしていくと、Wi-Fiの詳細設定があるので、必要な情報を入力します。
入力が完了したら設定を保存して完了です。

いかがでしたでしょうか？

たったこれだけの設定で、"教員"という組織部門に属するアカウントでChromebookにログインしたときに、自動的に設定したWi-Fiに接続することができます。

学年ごとに接続するWi-Fiを変える設定

これまでの解説で、どれだけ簡単にWi-Fiに接続できるかをわかっていただけたのではないかと思います。

アプリの自動インストールもそうですが、Wi-Fiの設定についても、**「どの組織部門に？」**というのが、ポイントになっていました。

つまり、児童生徒用に組織部門を「入学年度」で作成しておいて、その組織に児童生徒のアカウントを所属させておけば、学年ごとに接続するWi-Fiを変えることができる、ということになります。

Chromebookを起動したあとに複数のSSIDが表示されていたとしても、**学年ごとに自動で接続するWi-Fiを設定**していれば、**1つのSSIDに接続が集中することもなく**通信負荷も分散され、快適・安心なネットワークを実現できます。

さらに、**Chromebookであれば、端末ごとにWi-Fiを割り当てることができます。**

たとえば、特定の教室だけで使う端末であれば、その教室にある端末は、その教室にあるWi-Fiにだけ接続するように設定する、といったことも難しい操作なしに実現できます。

セキュリティ設定を理解する

セキュリティについては誰もが関心のある事柄ではないかと思います。

G Suite for Education では、**学校内で作成したデータが不用意に外部に流出するのを防ぐ設定、Chromebookで特定のユーザーだけがログインできるようにする設定**が標準で備わっています。

セキュリティに関する設定はこのほかにも多くありますが、ここでは2つの設定に絞って紹介します。

外部への情報漏洩を防ぐために必要な設定

G Suite for Education のなかでデータを管理しているアプリは **Googleドライブ** です。スライド、ドキュメント、スプレッドシート などで作成したファイルはすべて ドライブ に保存されます。他にもPC上からアップロードしたデータも ドライブ に保存することが多いでしょう。

管理コンソールというのはこれまでにも何度かワードとして登場していますが、これは **G Suite for Education の管理を行う専用ページ**のことです。ドライブ の設定についても管理コンソール上で行うことができます。

具体的な例としては、以下のような設定を実現できます。

1. 児童生徒の組織部門に対して **ドライブ** 上のデータをウェブ上へ一般公開できないようにする。
2. 児童生徒の組織部門に対して **ドライブ** 上のデータを外部に共有できないようにする。

1については、小学校低・中学年のまだセキュリティに対する意識が持てない児童に対しては有効な設定であると思います。

2については、1と同様に小学校低・中学年には有効かもしれませんが、小学校高学年、中学校、高等学校においては、**学びの機会を失わせている可能性もあります**ので注意が必要です。たとえば、大学生との共同プロジェクトを実施している学校では外部との共有は協働してプロジェクトを遂行していくうえで非常に重要な要素となります。

単純に「外部との共有は危険だから」という理由で学びの機会を喪失させないよう、注意深く検討する必要があります。

端末を利用できるユーザーを限定する設定

管理コンソールでは、Chromebook そのものに対する設定も行うことができます。

そのわかりやすい例として、**Chromebook にログインできるユーザー（アカウント）を限定**することがあります。

たとえば、ドメインがsample.ed.jpのアカウントのみログインできるように設定できます。

G Suite for Education
導入プロセス

3

検証

実適用と動作確認：適用後は動作確認を忘れずに

使用アプリ	ポイント
Chrome Education Upgrade	●設定の変更履歴を保存する ●動作確認をする

G Suite for Education の管理コンソールでは、ここまでいくつか紹介してきた**“ポリシー”**と呼ばれる250を超える設定項目を管理しています。そのため、**どこをどう変更したのかという変更履歴（変更内容の詳細も含めて）を管理**しておかないと、あとで履歴の提示を求められた際に対処のしようがありません。

また、**設定を変更したあとの実機での動作確認**も、運用上欠かさず行う必要があります。

ここでは、運用上必要な以下の2点について具体例も交えながら説明していきます。

- **設定の変更履歴を保存する**
- **動作確認をする**

設定の変更履歴を保存する

ここでは、管理コンソールのポリシーの変更履歴を保存する2つの方法を紹介します。

管理コンソールの監査ログを保存する

管理コンソールには**レポート機能**が付いており、管理者が行った**設定の変更が1つ1つログとして確認できる**ようになっています。さらに、この**ログを保存する機能**がありますので、その方法を簡単にご紹介します。

まず、管理コンソールのレポート機能から監査ログへと進み、管理者のログを開きます。すると次の画面が表示されます。

ここで、ログの表示を絞り込むためのフィルタ設定が画面右上の［組織部門▼］［期間▼］の箇所（❶）からできるようになっています。ログを表示させる組織部門を指定したり、ログが保存された期間を指定することもできます。

次に、絞り込んで表示した結果を一覧表のデータとして保存するために ⬇ をクリックします（❷）。

次の画像は Google スプレッドシート の形式で保存したものです。

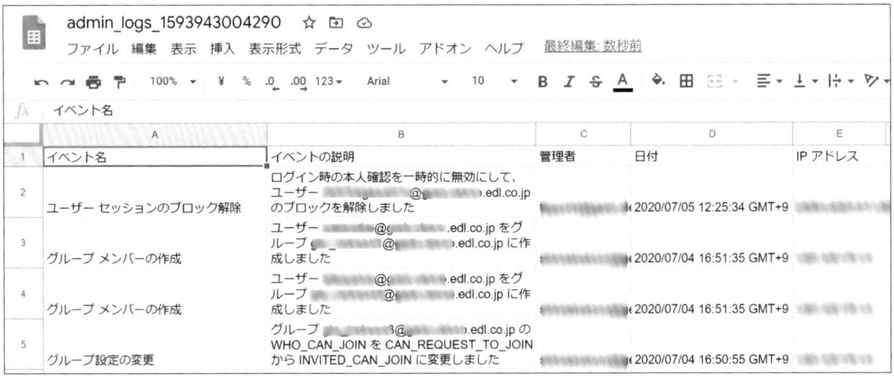

管理コンソール上で設定を変更したときには、**監査ログ**を利用することで、**変更履歴を詳細な説明付きで保存**することができます。

スクリーンショットで保存する

これは言葉どおりの方法となりますが、重要なのは**設定を変更する前のスクリーンショットも残す**ことです。先に紹介した監査ログでも何をどう変更したのかを追うことはできますが、一部アルファベット表記も混じった形式で記述されているため、読んで理解するのにいささか時間がかかることがあります。
　一方、スクリーンショットであれば設定の変更前後の状態が視覚的にハッキリするため、変更の詳細を記録するための監査ログも保存しつつ、スクリーンショットを残しておくとより安心です。

動作確認をする

　実証実験用の組織部門や実際に運用している組織部門に対して設定を変更したあとは、必ず動作確認を実施します。では、動作確認の流れに沿って、解説していきましょう。

動作確認用のアカウントと端末を準備し対象の組織部門に移動する

　設定の変更が組織部門に対して行われるのはここまでの説明を通して理解していることと思います。よって、動作の確認をするために**設定を変更した組織部門へ、動作確認用のアカウントまたは Chromebook を所属**させておくとよいでしょう。

設定適用後に必ず再起動を！

　設定を変更後まずはじめにすべきことは、影響のある端末を再起動することです。再起動をしなくとも反映される設定も多いですが、**Chromebook そのものに対する設定については再起動をすることを推奨**します。
　ところで、再起動というと「時間がかかる」と思ってしまった方もいますよね？
　そこは Chromebook であれば心配ありません。基本的に 10 秒以内に再起動が完了します。起動後にログインする時間を含めても 1 分程度でしょう。
　この起動の速さが、「**授業を邪魔しない設計**」といわれる所以でもあります。

実際に反映されている設定データ（JSON ファイル）を保存する

　それでは動作確認用の Chromebook に動作確認用のアカウントでログインしてみましょう。すると、Chromebook の壁紙の変更だったり、アプリの自動インストールといったものが反映されていることが視覚的にすぐにわかります。
　では、URL のブロックが反映されているかすぐにわかるでしょうか？
　実際にはアクセスしてみないとわかりそうにないですね。

　実際にアクセスして検証するのも大切ですが、URL の数が多いと大変です。そんなときに簡単に設定の反映を確認する方法をお伝えします。本当にあっという間に解決しますよ。
　以下の URL にアクセスしてみましょう。

chrome://policy

　すると、**いま操作している Chromebook とログインしているアカウントに関するポリシー（設定）が、なんと一覧表示**されます。

▼ポリシー（設定）の一覧表示画面

URLのブロックに関する設定もみてみましょう。たとえばこのように設定内容を確認できます。

▼URLのブロックに関する設定

ここで、さらに便利な機能をご紹介。

ポリシー一覧画面の左上に**[JSONにエクスポート]**というボタンがありますが、これをクリックすると、この設定の一覧をテキスト形式のファイルでダウンロードできます。実際にアカウントまたは Chromebook に適用された設定内容を保存できるので便利ですね。

管理コンソールの変更履歴と実際の設定内容を比較する

管理コンソールの変更履歴を監査ログとスクリーンショットで残していたら、ポリシーの一覧画面またはJSONデータと照らし合わせてみましょう。

この作業は、管理コンソールで設定した内容が正しくアカウントまたは Chromebook に反映されたかどうかの確認です。

この作業は地味で面倒なことかもしれませんが、トラブルの芽を摘むことにつながります。ぜひ行っていただきたいと思います。

導入のポイント

トラブルを未然に防ぐ

登録するドメインを確定する

G Suite for Education を導入後にドメインは変更できますか？ という質問を受けることがありますが、**ドメインの変更はインターネット上の住所を変更する**ということです。

実生活でたとえてみましょう。

あなたの住所が変わった場合、まず役所へ行って転居届を出しますよね。異なる市区町村へ引越ししたら、証明書をもらって転入・転出の手続きが必要になります。そして郵便局へ郵便物の転送のお願いを出します。さらに、運転免許証の変更、銀行、ネットショッピングサイトなどなど、影響する範囲は広範囲になります。考えるだけでも気が重くなります。

実はドメインの変更も状況によっては広範囲へ影響を与える可能性があります。あとで大事にならないよう、導入前によく検討し決定しておく必要があります。

ドメイン取得に関する基本的な考え方

最も推奨するのは、既存のドメインに囚われず、**まったく新しいドメインを取得すること**です。私学の場合は比較的スムーズに進められることが多いのですが、公立の学校の場合は、教育委員会の承諾であったり、ドメインやサーバーを管理するたとえば教育センターなどとの事前調整が必要であったりと、各自治体によって苦労はさまざまあるようです。関係部署との調整は先行して動くことをおすすめします。

また、ドメイン取得と並行して進めておくべきことが、**自治体ごとの教育情報セキュリティポリシーや個人情報保護条例の「オンライン結合の禁止」の見直**しです。詳しくは調べていただきたいのですが、クラウドサービスを効果的に利用する上で壁となるものです。対応ができていない場合には、今すぐにでも修正に向け働きかけるべき事項です。

参照

出典：

教育情報セキュリティポリシーに関するガイドライン（文部科学省　2019年12月）
https://www.mext.go.jp/content/20200219-mxt_jogai02-000003278_409.pdf

個人情報保護条例の見直し等について（総務省　2017年5月）
https://www.soumu.go.jp/main_content/000486409.pdf

新しいドメインを取得できない場合は、既存のドメインを利用することになります。

たとえば、sample.ed.jpというドメインを利用している場合、多くの場合、次の2つのドメインについて利用の検討を行う必要があります。

1. **sample.ed.jp をそのまま G Suite for Education で利用する**
2. **xxx.sample.ed.jp として G Suite for Education で利用する**

1については、Gmail を利用することを想定している場合に、既存のメールサーバーを使うのかどうかを検討する必要があります。

2については、たとえば新しいtest@xxx.sample.ed.jpといったメールアドレスを利用することができますので、1と比較して検討すべき事項が少なくおすすめです。

手間いらずで新しいドメインを取得する方法

参照
申し込みについては、144ページを参照してください。

新しいドメインを取得する場合は、**G Suite for Education の申し込みページからそのままドメインを購入する**ことができます。この方法で購入した場合には、管理コンソール上でドメインの情報を管理でき、さらに、**ドメイン所有権の確認やメールの設定など通常必要な面倒な設定をすることなく利用を開始**することができます。できるだけ早く利用を開始したい場合には選択肢の1つとして検討してみるのもいいでしょう。

ただし、1点注意事項があります。この方法でドメインを購入する際は**クレジットカードかデビットカードが必要**になります。カードを準備できない場合は別途、ドメイン管理会社の販売ページより購入する必要があります。

いつでも繋がるWiFiを確保する

何かあったときに重宝するオープンなネットワークを準備する

Chromebook は、管理コンソールから Chromeboook そのものにさまざまな設定ができます。これらの設定が Chromebook に反映されるには当然ながらネット接続が必要です。

一方、学校等では特別なネットワークを構築している場合が多く、そのような状況でネットワークに異常が発生した場合には、Chromeboook へ設定を反映することができなくなってしまいます。

そこで、あらゆる状況にも対応できるよう、学校内の特別なネットワーク以外に**外部のネットワークを準備**する必要があります。基本的には異常時の一時対応用ということで、小中規模校ではモバイルルーターでも十分かと思いますが、大規模校では個別の光回線等も選択肢として検討する必要があります。

質問や疑問点は、Googleのヘルプを参照

「質問」や「解決したい問題」があるとき、あるいは「Google for Education サービスの機能について詳しく知りたい」場合などには、Google 公式サイトをぜひご活用ください。

まず、Google 検索で**「グーグル　教育　お困り」**の３つのキーワードをそのまま入力してみてください。すると、**「サービス別サポート | Google for Education」**という検索結果が最初にヒットするはずです。

ここさえ見れば、以下の各種ヘルプへのリンクが紹介されており、１クリックで参照できます。

【お困りの際にご利用いただける各種サポート】　https://edu.google.com/intl/ja/training-support/products/

このページに以下のサイトへのリンクがあります。

【Google for Education ヘルプセンター】　https://support.google.com/edu/?hl=ja

Classroom や Meet を中心に、Google for Education に関するさまざま状況における操作手順や問題の解決方法が簡単に見つかります。

【Google for Education ヘルプ フォーラム】　https://productforums.google.com/forum/#!forum/google-education

Google for Education の利用者が交流できる掲示板です。英語ですが、Google 翻訳 を使えば大丈夫です！手軽に、豊富な情報から最速で問題を解決しましょう。

【Google for Education パートナー】　https://edudirectory.withgoogle.com/en

お住まいの地域で、Google for Education に関するエキスパートを見つけることができます。エキスパートには、専門能力開発パートナーや認定トレーナー、認定イノベーターなどがあります。

【G Suite 管理者向けヘルプセンター】　https://support.google.com/a/?hl=ja#topic=4388346

管理者として必要な情報はひととおりここに揃っています。大項目⇒中項目⇒小項目といったように階層化されているので、欲しい情報を見つけやすくなっています。

【Chrome デバイス管理ヘルプセンター】　https://support.google.com/chrome/a/?hl=ja#topic=4386913

Chromebook をはじめとする Chrome デバイス を Google for Education で利用するための細かい手順が記載されています。たとえば、Chrome デバイスを紛失した場合にどうすればいいの？ 工場出荷状態に戻したい場合はどうすれば？ といった問いに対する答えが見つかります。

【コミュニティへのご参加】　https://teachercenter.withgoogle.com/communities

「Google 教育者グループ（GEG）」という Google for Education を活用している教育者が集まるコミュニティ情報です。ぜひお近くのコミュニティを探してみてください。GEGについては、第5章でも紹介します。

「ICTの導入で授業を大きく変えたい！」休校の2か月でICT活用先進校に！

～具体的な活用を示し、教員全員が「使ってみること」が重要

大子町教育委員会（茨城県）https://www.daigo.ed.jp/

学校を超えての情報共有で、積極的なICT活用ができるように

大子町教育委員会事務局
指導室 指導主事
大森和行先生

■町内全学校にWi-Fi整備、Chromebookを導入

大子町は、小学校6校、中学校4校、全児童生徒は約900名ほどの小さな町です。**「ICTを導入し、授業を大きく変えたい！」**というねらいで、2018年から、町内全学校のWi-Fi整備、Chromebook（200台以上）の導入、全児童生徒にGoogleアカウントを付与を進め、授業での活用を進めてきています。

Chromebookを導入した理由は、ChromebookとG Suite for Educationを活用することで、授業において6つのKを実現できると考えたからです。6つのKとは、①協働②共有③Keep④活用⑤個別最適化⑥可視化です。各教科で活用が図られ、6Kの実現により授業が大きく変わりつつあります。

■研修会が大きな役割を果たす

各学校の活用の広がりには、年に複数回実施している研修会が大きな役割を果たしています。2019年夏には、各校の先生を集め、G Suiteの具体的な活用についての研修を実施しました。**演習をして、具体的な活用のイメージが持てた**ようで、「こういう使い方ができるんだ」「授業も校務も180度変わるな」と認識したようです。研修を重ねることにより各学校における活用が広がってきています。

■臨時休校中の取り組み

コロナ禍での**臨時休校中は、教育委員会で情報交換用のClassroomを1つ作り、大子町の教職員全員を招待**しました。教育委員会が作成したスライドにしたマニュアル等も共有しましたが、先生方も、臨時休業中に実践したオンライン授業の資料や保護者宛てに配信した文章や資料などを共有し、他校でも使えるようになっていました。また、その

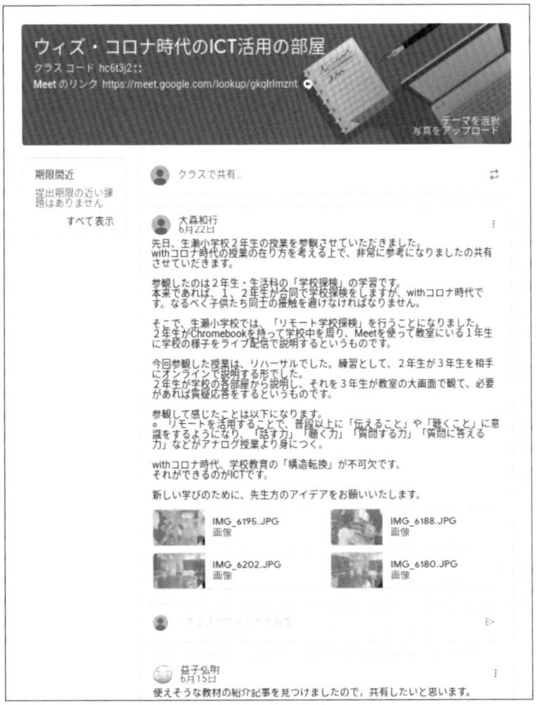

町内教職員情報交換用 Classroom

Classroom でお互いに質問したり、Google Meet で講習会をやったり、**学校を超えての情報共有**もできました。その甲斐もあり、Google Meet による同時双方向授業や Classroom を活用したオンデマンド型授業など、各学校で創意工夫し、オンラインを活用した学習が推進されました。学校再開後も活用はさらに進み、多くの学校がICTの推進に積極的になってくれています。

ICT 活用に遅れていた学校も たった2か月で変われる！

大子町立生瀬小学校
校長　清水洋太郎先生

2020年4月から取り組む

大子町ではICT活用が進んでいる学校もありますが、本校は昨年度まで、実際の授業や校務で G Suite を積極的に活用するまでには至っていませんでした。今年度4月、私が赴任した際に、新学習指導要領の趣旨を鑑み、「未来を幸せに生きる力を育む教育の推進」を学校教育の理念として示し、「未来を幸せに生きる力を育む主体的・対話的で深い学びの推進～全教育活動での『Google for Education』の活用を通して～」を校内研修課題に掲げました。当初は1年かけてじっくり取り組んでいく予定でしたが、4月早々に、**休校になることを見越して、G Suite の基本操作やオンライン授業の方針を提案**することにしました。

休校中は、オンライン学習とオンライン面談を

いざ休校になってからは、校長として教員にトップダウンで2つのことをお願いしました。1つは、**Classroom を使って課題を配信し学習支援を行う**ことです。もう1つは、**Google Meet を使ってオンラインで児童や保護者と面談をし生活支援を行う**ことです。入学したての1年生や低学年にオンラインで同時双方向の授業をすることは現実的ではないので、保護者が在宅している時間に一緒にやってもらって、それをフォローアップする形にしました。

オンライン面談の様子

「オンライン学習」での課題は毎日夕方6時に配信しました。使用するのは、各家庭にある端末と G Suite です。Classroom から、課題として茨城県の教育委員会が作成した YouTube 動画などのリンクやワークシートなどを送信しました（次ページ）。

OJT で課題の作成や配信の研修

当初はある程度、全学年・全教科の課題を私が下書きとして保存しておき、徐々に各教員が自分でその作業ができるようOJTで課題の作成や配信の研修を進めました。教職員もすぐに課題配信できるようになり、さらには社会の課題で **Google Maps™ から学校周辺の写真を取り込み Jamboard で加工して添付**するなど、徐々に活用が広まっていきました。

学校には、若手もベテランもいます。もちろん、ICTが得意な者も苦手な者もいます。本校では、それぞれのスキルやニーズに応じて**具体的な使い方を示し、OJT でそのつど研修したことで、わずか2か月で自発的に活用**することができるようになりました。やはり、**「まず使ってみる」ことは重要**だと感じました。

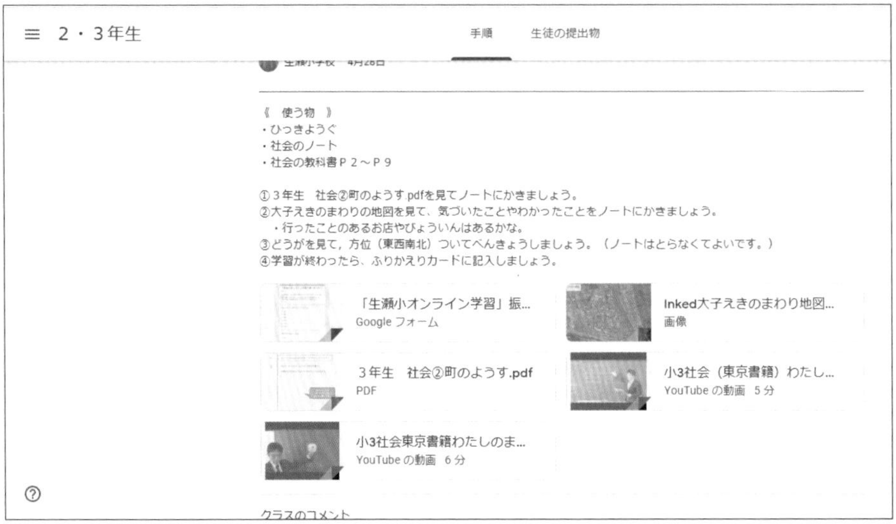

Classroom からの
課題配信

取り組みを振り返って

休校中の取り組みは同時双方向ではなく、オンデマンド方式の学習でしたが、児童各自が自分のペースや家庭の状況に応じて学習を進めることができ、また、児童や家庭と教職員と学校がつながることができたため、意欲が高まり、継続して学習に取り組めたと感じています。図らずも**学習の個別最適化の端緒が見えた**気がします。

この非常事態でICTが急激にクローズアップされることにはなりましたが、「コロナ禍があったからこれからICTを活用した（していく）」ということではないと思います。予測困難な未来を生きる子どもたちにICTの活用能力は必須だと考えています。**ICTを活用することで場所や時間にとらわれずに自分で課題を解決したり、他者と協働したりして、意欲を高め、学びを深めることができます。**我々は、「子どもたちにどんな力を身につけてほしいのか、そのために何をすべきなのか、そこにICTがどう生きるのか」ということをトータルで考えていかなければならないと思います。

活用へのヒント　どんな場面で使えるかをイメージできると活用が進む

ICTの活用は、デバイスやWi-Fiなどの環境整備がされていないともちろんできませんが、それだけではなかなか活用が進みません。PCがもともと得意な先生や、新しいことに興味を持って挑戦する先生は積極的に使ってくれるかもしれません。でも、「PCは苦手だから……」「今まで使わなくてもちゃんと授業や校務はできていた」という先生もいらっしゃるはずです。

活用が進まない大きな理由のひとつは、どう使ったらよいのかわからないことです。**具体的にどう使えるのか、どんな場面で使えるのかイメージできるとよいようです。**

大子町のある学校では、ICTが得意なベテランの先生の声かけで、G Suite の操作を教え合ったり、授業での使い方を共有する機会を作っているそうです。校内の実態に合わせた使い方をみんなで定期的に共有できると、学校全体のICT活用がぐっと進みますね。

第5章

活用のポイント

Google for Education

おさえておこう

第5章 活用のポイント

「最初に必要となる操作」や「現場から出るよくある質問への回答」

教育現場で G Suite for Education はどう使えるのか？ どんなメリットがあるのか？

そして、いざ導入となったら、何に注意して、どう進めていくべきなのか？

第 1 章から 4 章まで、まずはこの 2 つの疑問に、ズバリと答え、具体的な活用イメージをつかんでいただくことを目的に解説してきました。

早速、実際に活用してみたい！　G Suite for Education の持つ可能性を試してみたい！

今、そんな風に思っていただくことができていれば、本当に嬉しく思います。

ただ、その段階までくると、活用を始めるために「絶対にやっておかなければいけないこと」や、「最初に 1 回だけやればよい操作」などが実はいくつかあるんです。

また、実際に使い始めてみると、「こういうことがしたいけど、G Suite for Education ではできるのかな？」とか「ここはどうなっているんだろう？」という細かい疑問が出てくることと思います。

そこで第 5 章では、そうした「**最初に必要となる操作**」や「**現場から出るよくある質問への回答**」をご紹介していきます。

Google 検索 を活用しよう ー最新の情報だけに絞り込むには

この章で紹介されていない疑問は、Google 検索 を使って調べてみてください。検索ワードをうまく選べば、欲しい情報が見つかるはずです。

ただし、上位に表示されているものが、「最新」の情報であるとは限らないので注意が必要です。Google のソリューションの進化するスピードはとても速いので、操作方法の検索などでは、使われている解説画面が今表示されている画面と違っていることがあります。

最新の情報だけを表示させる場合は、**［ツール］**を使いましょう。

検索後、検索の入力欄の下に表示される［ツール］をクリックすると、さらに条件を絞った検索結果を表示できます。

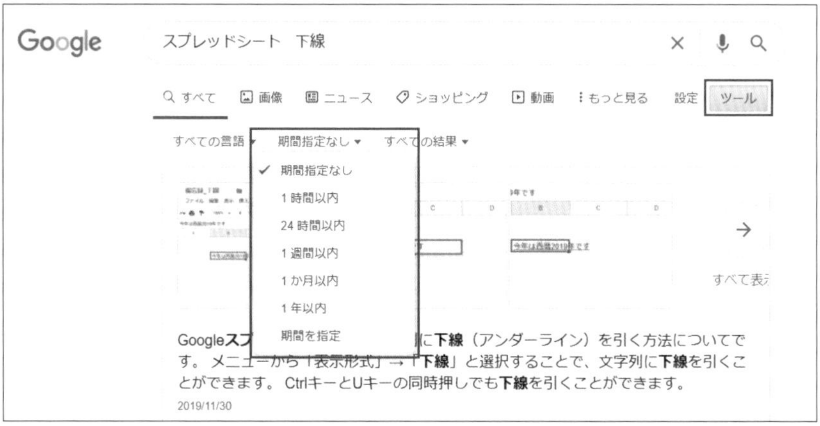

デフォルトでは［期間指定なし］となっているところを、［1 か月以内］など、短い期間に設定するだけで、最新の情報を簡単に確認することができます。

この「期間の設定」は、動画の検索でも使えます。

活用ポイント
1

最初に必要となる操作

Classroom を利用するための第一歩は「教師」として Classroom に登録し、新しい「クラス」を作成することです。ここではその手順を解説します。

memo
各クラスに登録できる教師数の上限は20人。メンバーは教師と生徒合わせて1,000人です。

「クラス」は、「1年1組」「1年2組」など、実際のクラス別に作成するのが一般的です。また、「1年1組数学」「1年1組社会」のように、オーナーとなる教師ごとに[クラス」を作成してもまったく問題ありません。

1年生、2年生と学年単位で「クラス」を作ってもOKですし、部活動や委員会ごとに作ってもよいでしょう。

要は、**お知らせや課題の配付と回収、一斉または個別でのコメントのやり取りが必要なグループ単位で「クラス」を作成**すると便利です。

Google Classroom に「教師」として登録し「クラス」を作成する

Classroom に「教師」として登録する

1. Google のサイトで画面右上の[ランチャー]から、Classroom のアイコンをクリックして立ち上げます。

2. 初めて立ち上げたときには右のような画面に切り替わるので、アカウントの確認をして(❶)[続行]をクリックします(❷)。

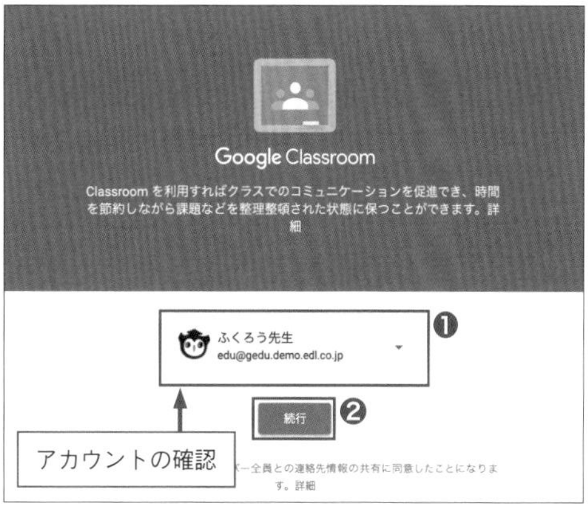

3. [役割を選ぶ]の画面で[私は教師です]のほうをクリックします(❸)。

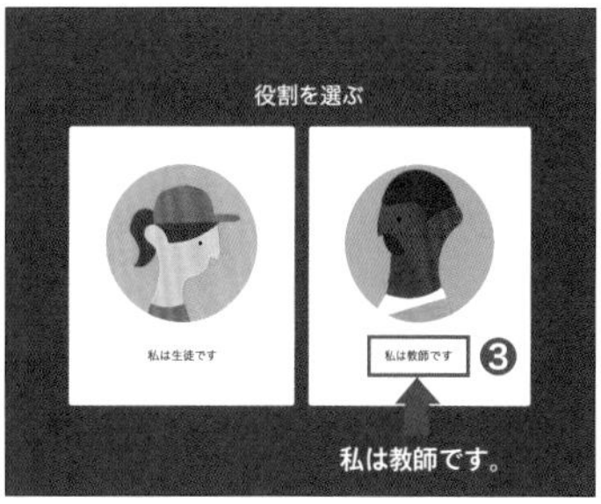

以上で Classroom に「教師」として登録する作業が完了しました。

memo
この作業は今後行う必要はありません。

Classroom に「クラス」を作成する

1. Classroom の画面右上の ＋ をクリックし（❶）、［クラスを作成］をクリックします（❷）。

2. ［クラスを作成］の画面に切り替わるので、クラス名を入力します。必要に応じて［セクション］や［科目］［部屋］を入力して［作成］をクリックしてください。

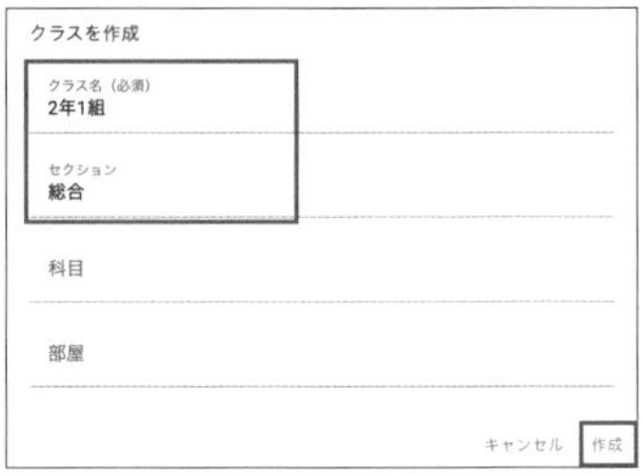

クラスが作成され、クラスコードも表示されました。

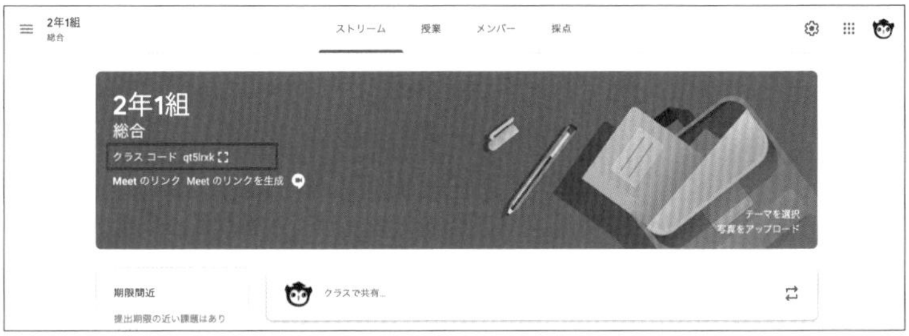

児童生徒が「クラス」に参加する手順

教師が作成したクラスに児童生徒が「生徒」として Classroom に参加するには、

① クラスコードを使う
② 教師が直接招待する

という2種類の方法があります。

まずは、①クラスコードを使って「クラス」に参加する手順を解説します。

Classroom に「生徒」として登録する

1. 児童生徒が、画面右上の［ランチャー］から、Classroom のアイコンをクリックして立ち上げます。

2. 初めて立ち上げたときには、前項のようなアカウントの確認の画面に切り替わるので、アカウントの確認をして［続行］をクリックします。

3. ［役割を選ぶ］の画面で［私は生徒です］のほうをクリックします。

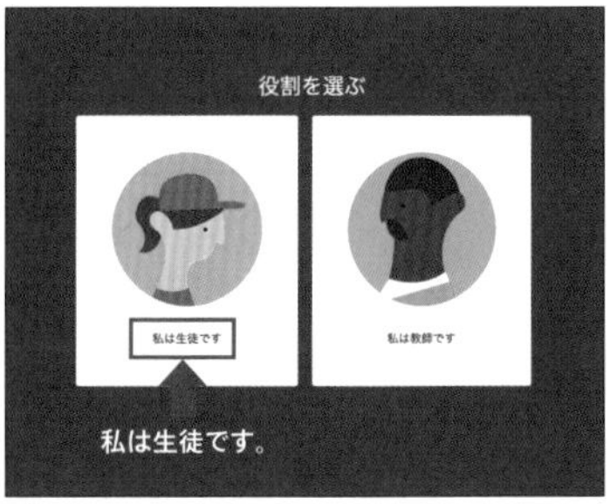

以上で児童生徒が Classroom に「生徒」として登録する作業が完了しました。

memo
この作業は今後行う必要はありません。
なお、生徒が誤って自身を教師として指定した場合、管理者はその生徒を「Classroom の教師」グループから手動で削除する必要があります。

クラスコードを使って「クラス」に参加する

memo
「生徒」がクラスを作成できるようにも設定できます。

1. Classroom の画面右上の ＋ をクリックし、[クラスに参加] をクリックします。

2. [クラスに参加] の画面になるのでクラスコードを入力して [参加] をクリックします。

「教師」が「生徒」を招待して「クラス」に参加する

次に②「教師」が「生徒」を招待して「クラス」に参加させる手順を解説します。

1. Classroom で教師が作成した「クラス」を開き、画面上部の [メンバー] をクリックします。

2. [生徒] の右端の [生徒を招待] をクリックします。

point
スプレッドシートなどにメールアドレスの一覧があればそれをコピーして [名前かメールアドレスを入力します] の欄に貼り付けると一気に入力できます。

3. [名前かメールアドレスを入力します] の欄に、名前かメールアドレスの一部を入力すると (❶) 候補が表示されます (❷)。

4. 候補から選択し、[招待する] (❸) をクリックします。

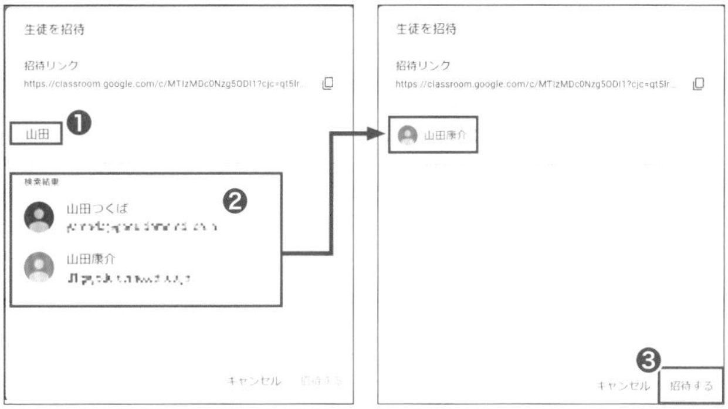

招待された児童生徒の Classroom ページには、招待された「クラス」への [参加] アイコンが表示されます。それをクリックすれば、「クラス」に参加完了です。メールで届いた招待から [参加] をクリックしても、参加完了となります。

活用ポイント 2

Chrome ブラウザをもっと使いやすくするには？

教育現場からのよくある質問で「**小学校低学年にどうやって Chromebook を使わせればいいだろうか**」というものがあります。

確かにローマ字も習っていない子どもたちに、キーボード操作は難しいかもしれません。

しかし、視察したオランダでは4歳から Chromebook を使っていました。

アイデア次第で、さまざまな可能性の扉を開くことができるはずです。

ここでは、**Chrome ブラウザの「拡張機能」**についてご紹介しましょう。

参照
2020年の「Bett and Europe Tour」（Google for Education 主催）の視察レポートは、EDLのサイトからダウンロードできます。詳しくは196ページ。

拡張機能は、Chrome の機能を増やしたり強化したりする専用のプログラムで、ほとんどが無償で提供されています。**Chrome ウェブストア** から、数クリックでインストールできるので簡単です。

そのなかに、**ウェブページにある漢字に、自動的にフリガナを付けてくれる拡張機能**があります。その名も『**Furigana Extension**』。

memo
ただし、文字があっても、画像扱いになっているものには、この機能は使えないので注意が必要です。

オプションで、表示（ひらがな／カタカナ／ローマ字）や、ふりがなの色・サイズが設定できます。また、初出漢字のみにしたり、小学校の学年や日本語能力検定のレベルに合わせてルビ付与なしにするなど、細かな設定も可能です。

低学年のウェブサイト活用だけでなく、漢字を読むのが難しい外国人の保護者が学校のサイトからの連絡を見る際にも利用できるかもしれません。

memo
設定できない場合は、G Suite 管理者に確認しましょう。

また、音声を録音する拡張機能や、セキュリティを強化する拡張機能などいろいろあります。気になったキーワードでぜひ Google 検索 や Chrome ウェブストア で検索してみてくださいね。

- **Chrome ウェブストア**
  https://chrome.google.com/webstore/category/extensions

授業

活用ポイント 3

Wi-Fiがないとただの箱？ Chromebook ってオフラインで使えるの？

Chromebook のよくある誤解に、「オフラインで使えない」というものがあります。

インターネットに接続していなくても、Chromebook は多くの作業を行うことができます！

ドキュメント、スプレッドシート、スライド などを、オフラインで使用する場合は、**オンラインの状態で ドライブ のファイルを利用できるように設定**する必要があります。

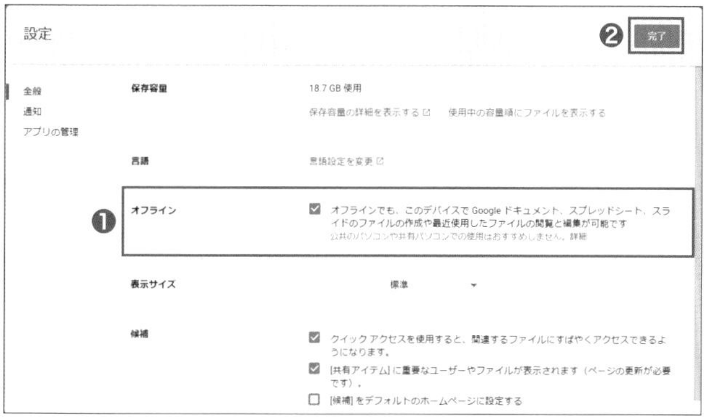

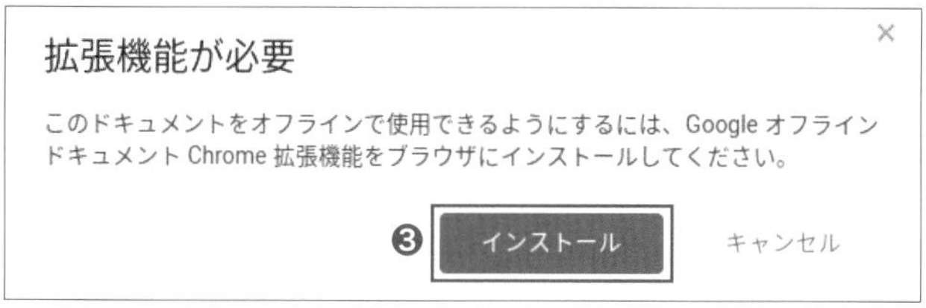

1. ドライブ の画面右上にある ⚙ をクリックし、[設定] を開きます。

2. [設定] 画面にある、[オフライン] のチェックボックスをオンにして (❶)、右上の [完了] をクリックします (❷)。

3.「拡張機能が必要」と表示された場合は、[インストール] をクリックします (❸)。

4. オフラインで作業したいファイルを開き、メニューバーの [ファイル] から [オフラインで使用可能にする] をオンにしておきます。

これでオフラインでも作業ができるようになります。

オフラインで作業するときには、ドライブ から作業するファイルをダブルクリックして開きます。オフラインで行った変更は、自動的に Chromebook に保存され、インターネットに接続したときに ドライブに同期されます。同期するまでは、自分の Chromebook だけに保存されている状態です。共同編集の相手は、オフライン中にあなたが更新した内容は確認できない状態ですので、インターネットに接続できるときに、早めに同期しておきましょう。

ほかにも Gmail、Google Keep™、カレンダー などオフラインでも使用できるものはたくさんあります。

Chrome ウェブストア で、[アプリ] をクリックし、[機能] 欄にある [オフラインで実行] のチェックボックスをオンにすると、オフラインで利用可能なアプリが見つかります。

活用ポイント 4

Chromebook のアクセシビリティ ユーザー補助機能って？

Q&A

読み上げ機能や音声入力を使えば、読み書きに関する多様な障壁が低くなります。

Chromebook では、必要に応じてユーザー補助機能を有効にすることができます。

[設定]（歯車アイコンや[設定(S)]）-[詳細設定]-[ユーザー補助機能]-[ユーザー補助機能の管理]から、読み上げや音声入力の設定ができます。

また、ドキュメント や スライド の「スピーカーノート」の音声入力は、特別な設定は不要です。スライド の場合は、メニューバーにある[ツール]から、[スピーカーノートを音声入力]や[音声入力]などを選択するだけで、すぐに音声入力ができます。

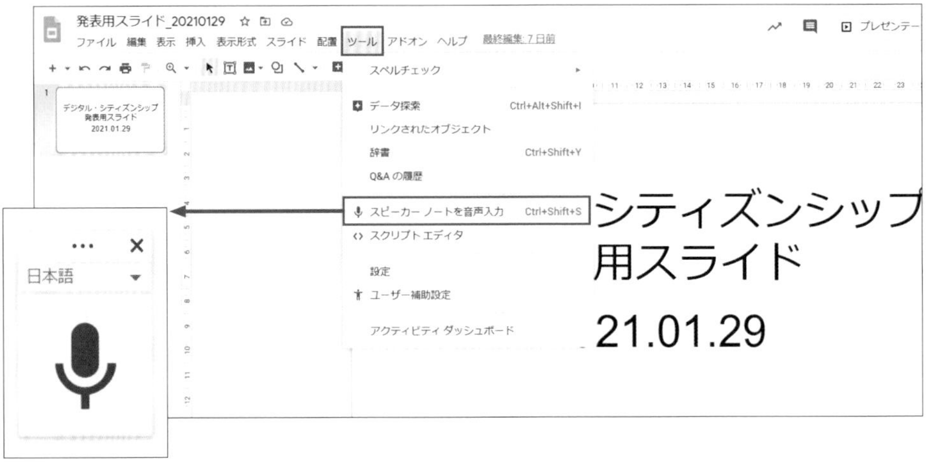

たとえば ドキュメント を開いておいて、授業で話をするのと同時に音声入力をしていけば、話した内容がそのままテキストになります。複数の話し手がいる場合、最初に自分の名前を言ってから話すと、より相手に伝わるでしょう。

また、動画で授業を配信する場合は、YouTube にアップロードすれば、視聴するときに右下の[設定]で[字幕]を選ぶことで、自動で字幕を入れてくれます。

Chromebook には、表示（ハイ コントラスト モード・画面拡大鏡・テキストサイズや画面の解像度の変更 など）をカスタマイズする項目もあります。Chrome OS で G Suite を使用する場合は、さまざまな拡張機能も用意されています。

- **Chromebook のユーザー補助機能**

  https://support.google.com/chromebook/answer/177893?hl=ja

Google Meet での授業中、Wi-Fi接続がよくないときはどうすればいいの？

　オンラインでは教師側のネット接続が遅くなったり、一時的に切れてしまった場合、ほぼ確実に授業はストップしてしまいます。その要因はさまざまですが、Google Meetを利用しているときに、通信負荷が大きいと感じたら、次の操作で**通信負荷を下げてみてください。**

1. Meetの画面右下にある縦3つの点をクリックして（❶）、[設定]をクリックします（❷）。

2. 設定ウィンドウが表示されるので、[動画]タブ（❸）をクリックします。

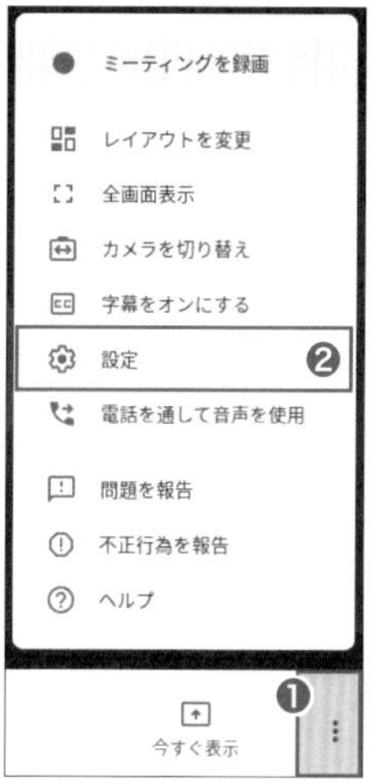

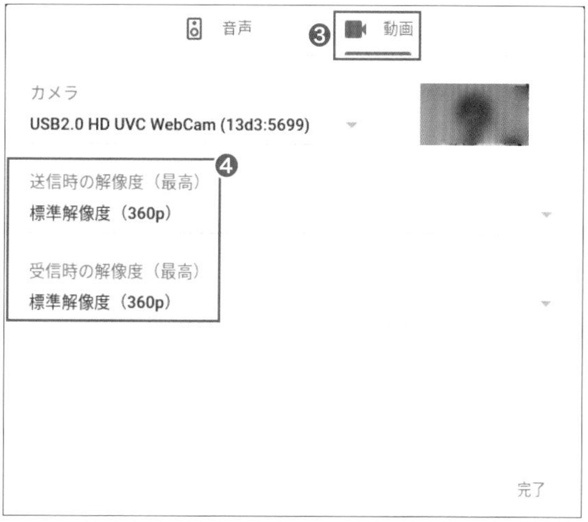

　ここで、次のように設定を変更します。解像度は720pと360pから選択できますが、720pより360pのほうが通信負荷が小さくなります（❹）。

　送信時の解像度（最高）⇒ 標準解像度（360p）
　受信時の解像度（最高）⇒ 標準解像度（360p）

　たったこれだけですが、ネットが遅いと感じたときには目に見える効果がありますので、ぜひお試しください。
　また、「カメラをオフ」でも改善する場合があります。

活用ポイント 6

Google Classroom で［課題］を他のクラスにも流用したい！

Classroom では、1つファイルを作れば、担当するほかのクラスでも同じものを使えます。

同じ課題を複数のクラスで配信するときは、次のように設定します。

1. 複数のクラスのうちの1つのクラスの［授業］を開きます。
2. ［＋作成］をクリックして［課題］を選択します。
3. 表示された課題の画面右側の［対象］で投稿先のクラスを選択します。

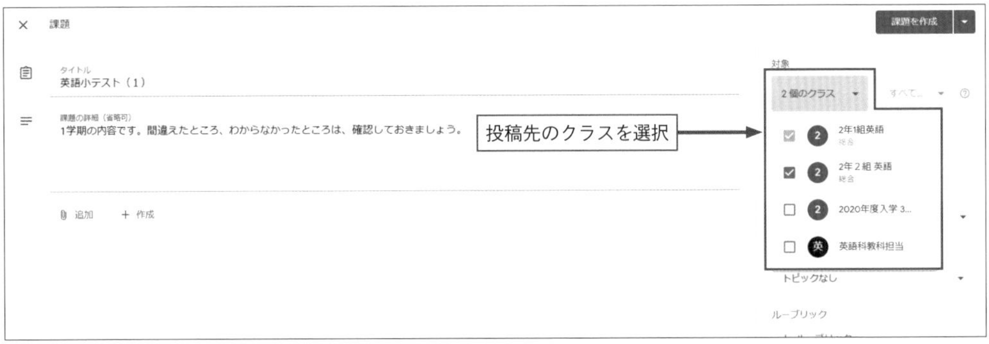

これで、同じ課題を1回で投稿することができます。

また、**1つのクラス内であれば、特定の児童生徒を選択して投稿**することもできます。

上の画面で、［対象］にある［すべての生徒］の▼をクリックし、「すべての生徒」を解除し、課題を投稿したい個人を選択するだけです。

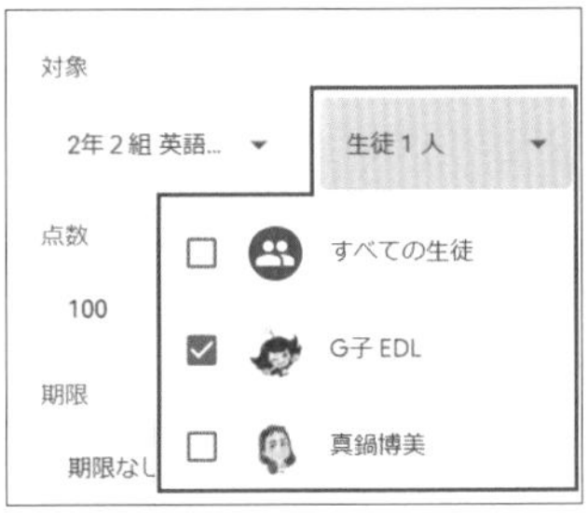

添付したファイルに対して生徒が行える操作は、課題の内容によって選択しましょう。

- 生徒はファイルを閲覧可能（閲覧のみ、編集できない）⇒ 参考資料など
- 生徒はファイルを編集可能（同じファイルを共有し、共同で編集作業ができる）
  ⇒ 調べ学習のまとめなど
- 各生徒にコピーを作成（ドキュメントのタイトルに生徒の名前が追加されたファイルのコピーが、それぞれの生徒に配付される）
  ⇒ 個々に書いて提出してもらうレポートなど

活用ポイント 7

授業のまとめに音声での説明をつけて児童生徒に配付したい

Q&A

スライド では、プレゼンテーションに**音声を追加**することができます。スライド の図や文字だけではわかりにくい部分の説明を入れれば、より細かい内容も伝えられるはずです。

1. スライド でプレゼンテーションを開きます。
2. 音声ファイルを追加するスライドを選択します。
3. メニューバーの［挿入］から［音声］をクリックし、ドライブ 内にある音声ファイルを選択します。

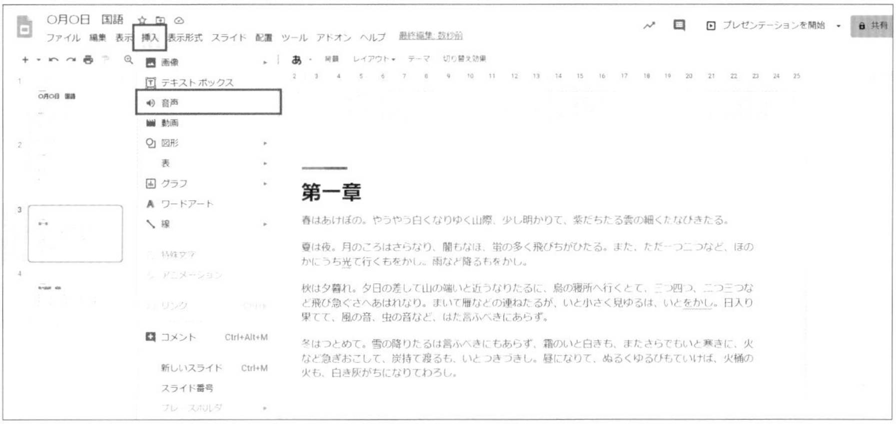

自分が話した音声を追加する場合は、録音した音声ファイル（MP3、WAVのファイル）を ドライブ に保存しておきます。スライド の各ページに合わせた音声を作成し、それぞれのページに貼り付ければ、ページごとに解説が入れられます。

オプションで「再生の開始」のタイミングを選んだり（クリック時／自動）、「スライド変更時に停止する」を設定することもできます。

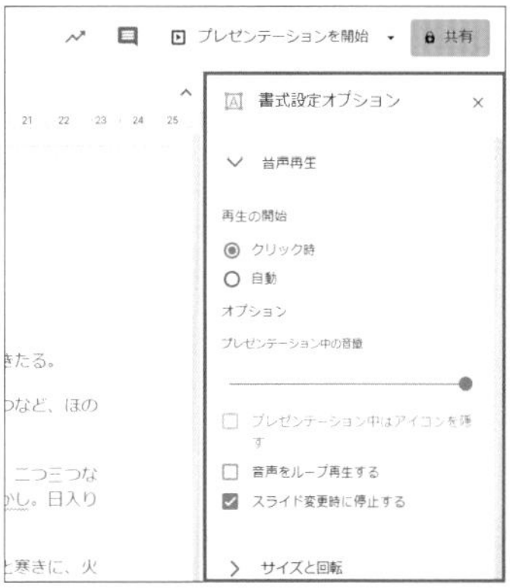

もちろん、追加する音声は、追加可能な形式であれば音楽もOKです。スライドに歌詞を入れ、校歌など学校で作成したファイルを追加して、音楽の授業で活用したり、校外学習のまとめスライドにインタビューした音声を追加して発表したり……。工夫次第でいろいろな使い方ができますね。

活用ポイント 8 行くことができない場所、「ホンモノ」を見せたい！

Google Earth™ を使えば、あらゆる角度から世界を眺めることができます。世界中を旅したり、新しい場所を探索したりすることができるのです。

Google Earth にある全世界の衛星画像・航空写真、地物データなど大量のコンテンツを利用すれば、世界中のあらゆる場所のホンモノを感じることができるはず。検索アイコンから特定の場所を探し、ズームインをして周囲を見回せば、そこに行ったような景色を体験できます。

文化、自然、歴史などのトピックに関するガイド付きツアー のある **Voyager** を使えば、世界各地を回っていろいろな国について知ることができます。

授業アイデア

中学校社会　地理
『世界各地の人々の生活と環境』

Voyager にある、世界中のさまざまな暮らしを紹介している**『「おかえり」が聞こえる』**で、それぞれの場所に建つ住居や家の中の生活を疑似体験する。

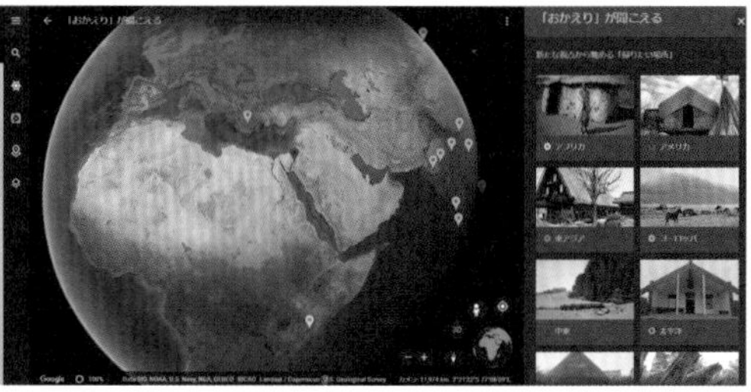

「**タイムラプス**」という機能を使えば、地球上のさまざまな地点の移り変わりの衛星写真を見ることができます。

● **タイムラプス**：https://earthengine.google.com/timelapse/

授業アイデア

地球温暖化について考える授業

Google Earth タイムラプスにある「**Colombia glacier retreat（コロンビアの氷河後退）**」で、過去35年間でどのように変化したかアニメーションで見る。

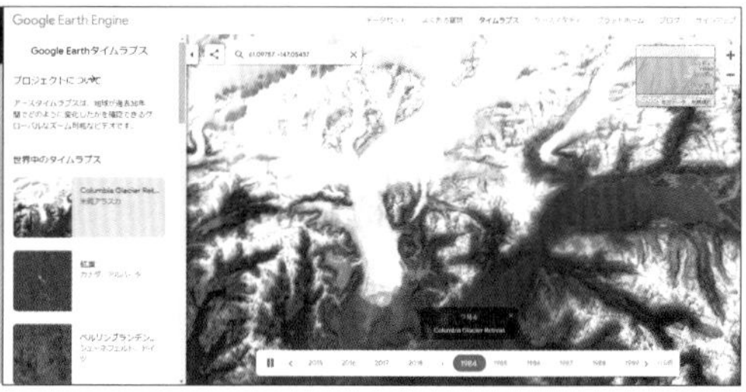

Google Earth Education では、先生たちが作成した授業プランや今すぐ授業で使える教材の他、各種ツール、活用事例、チュートリアルなどが紹介されています。

● Google Earth Education：https: //www.google.com/earth/education/

Sensei with Google Earth Japan（SGE）のサイトもぜひチェックしてみてください。Google 地図関連ツールを取り入れたレッスンプランを共有しています。

● SGE：https://sites.google.com/view/sge-japan/home

活用ポイント 9

オンラインクイズ「カフート!」で授業をもっと面白く

世界で約12億人に利用されているノルウェーのオンラインプラットフォーム「カフート（Kahoot!）」。Google アカウントですぐに使え、無料です！

質問は、スクリーンに映し出し、生徒が1人1台端末から回答します。

・**全員が答えたあとは、瞬時に、結果がスクリーンに反映されるので、とても盛り上がります。**

・**ポイント獲得や時間制限など設定されていて、ゲーム感覚で取り組むことができます。**

・**回答までのスピードやランキングなど、回答の集計も、自動で、一瞬で共有できます。**

授業の導入部で使えば、その話題に関してどの程度の知識や興味があるかを知ることができますし、前回の復習が簡単にできます。回答者は、「聞き手」ではなく「参加者」としてスタートするので、授業に最初から集中できるはずです。

授業の終わりに、その日の内容を出題すれば、理解を測ることもできます。

受け身の授業になりがちな大人数の講義の途中に、「聞いていないと答えられないクイズ」を出題してみると、寝ている学生が減る…かもしれませんね（笑）。

● **Kahoot!**

https://kahoot.com/

● **Google Play**

https://play.google.com/store/apps/details?id=no.mobitroll.kahoot.android&hl=ja

活用ポイント 10

会議を設定したいけど、一人ひとりの予定を確認するのは大変

Q&A

第3章で、Google カレンダー を共有し、予定を確認する方法についてお話ししました。会議に参加してほしいメンバーの カレンダー を確認できれば、予定を聞いて回ることなく、空き時間を探すことができます。

でも、参加者が大人数になると、すべての カレンダー を表示させて、時間を確認するのは大変です。そんなときにおすすめな機能が「**おすすめの時間**」です。

カレンダー で予定を作成するときに表示される「おすすめの時間」ボタンを使うと、**会議の参加者全員が空いている時間を自動的に探してくれます。**

1. 希望の時間帯に予定を作成し、[その他のオプション] をクリックします。表示された画面の [ゲストを追加] (❶) で会議参加メンバーを選択します。

2. メンバーを選択後、[おすすめの時間] (❷) をクリックすると、予定を作成した時間以降の時間帯で、全員が空いている時間が表示されます (❸)。

3. 表示された複数の候補日時のなかから、希望の時間帯を選択すると、作成した予定の時間も変更されます。[送信] ボタンをクリックすると、選択したメンバーに招待メールが送信されます。

このように、予定の確認から時間の連絡まで、1回の予定作成作業のなかで完結です！

カレンダー は特定の人との共有だけでなく、特定のグループ内で予定共有をすることができます。たとえば、**プロジェクト単位で カレンダー を作成すれば、プロジェクト内でのスケジュールや進捗を管理**できます。

カレンダーの機能を使いこなすことで、業務効率が数段アップします。ある学校では、保護者との面談の予定を決める際に、**「予約枠」を作っておき、そのなかから希望の時間帯を選択してもらう**という方法を使っていました。

「予定を調整するのが大変だな」と思ったときは、カレンダー の機能で合うものがないか探してみるとよいかもしれませんね。

活用ポイント 11

いつも同じメンバーなら、もっとスマートにメールや共有ができないか？

Q&A

校内分掌の担当者や校長会など、同じメンバーへ何度も連絡をすることは多いと思います。決まった複数のメンバーでファイルを共有したり、メールを送ったりするとき、毎回毎回連絡先を入力するのは大変です。

Google グループ™ を使うと、**ひとつのアドレスを入力するだけで、メンバー全員に共有、送信**ができます。「教職員」「学年」「部活」「PTA本部」など、自分でわかりやすいグループ名をつけることができます。

▼Google グループ でグループを作っておけば、連絡や共有がぐっと簡単に

毎回メンバーのアドレスをひとつずつ入れていると、間違った相手にメールや共有をしてしまう可能性もあります。**よく使う相手先をあらかじめグループ化して登録**しておけば、機密情報を危険にさらすミスを防ぐことができ、情報共有すべき人を追加し忘れることもなくなります。また、設定時間を大きく短縮できる点もメリットです。

Google グループ は、ランチャーから、または、「Google グループ」と検索すればすぐに見つかります。基本的な情報をいくつか入力し、グループを作成したら、ユーザーを登録します。グループを設定するときに作成したアドレスをひとつ入力するだけで、メンバー全員に送信・共有が簡単にできるようになります。安全で確実な情報共有がすみやかにでき、時短になりますね。

活用ポイント 12

手書きのメモやPDFの資料の内容を、すぐにみんなに共有したい

Q&A

memo
JPEG、PNG、GIF、PDF形式のファイルに対応しています。
明るさが均一でコントラストがはっきりしたシャープな画像は、かなりの精度でテキスト化されます。

手書きのままだと見にくい、PDFの中の必要な文章だけを伝えたい、などというとき、見ながら書き写すようにキーボードで1文字ずつ入力していませんか？

それも自動でできます！ ドライブ に入れた画像ファイルは、ワンクリックでテキストに変換することができます。テキスト化すれば、マウスやショートカットキーで簡単編集！ 間違いなく時短になります。

【PCの場合】

1. ドライブ に入れたテキスト化したい画像ファイルを右クリックします（❶）。
2. 表示されたメニューから［アプリで開く］-［Google ドキュメント］をクリックします（❷）。

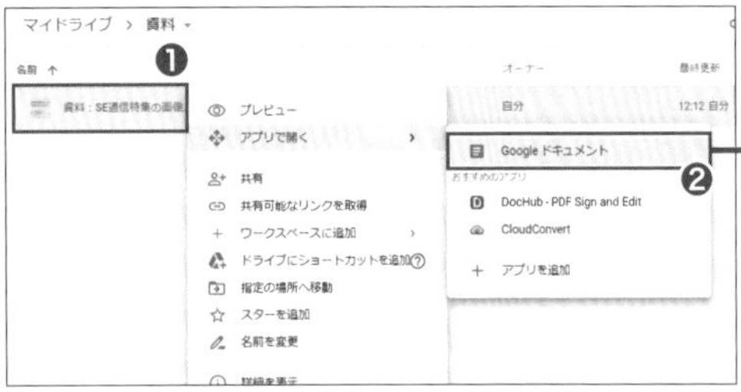

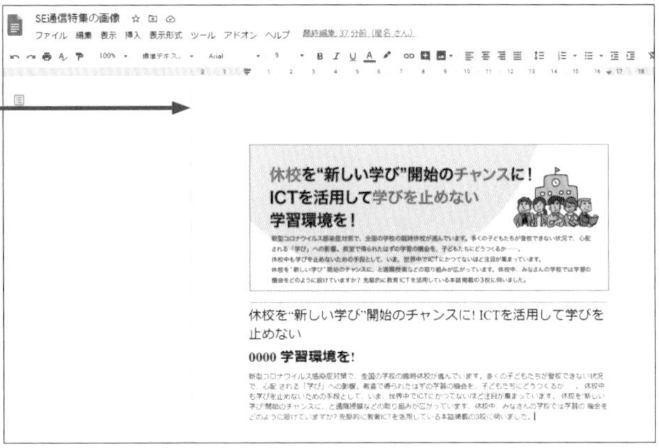

memo
横書きだけでなく、縦書きの画像もテキスト化できます。ただし、テキスト化された文字は横書きになります。

たったこれだけです。

新しくできた ドキュメント のファイルを開くと、指定した画像と抽出されたテキストが入っているはずです。

【スマホの場合】

スマホの ドライブ アプリでは、この機能は使えません。スマホで撮影した画像は、ドライブ に入れてからPCで作業する必要があります。

スマホで撮影して、そのまますぐテキスト化したい場合は、Google Keep を使うと簡単です。

1. Google Keep のメモ欄で、［+］をタップして（❶）、［写真を撮る］または［画像を選択］で画像を追加します（❷）。
2. 追加した画像をタップし（❸）、右上の［⋮］をタップ（❹）、［画像のテキストを抽出］をタップします（❺）。

Google Keep のテキスト抽出はPCでも可能です。

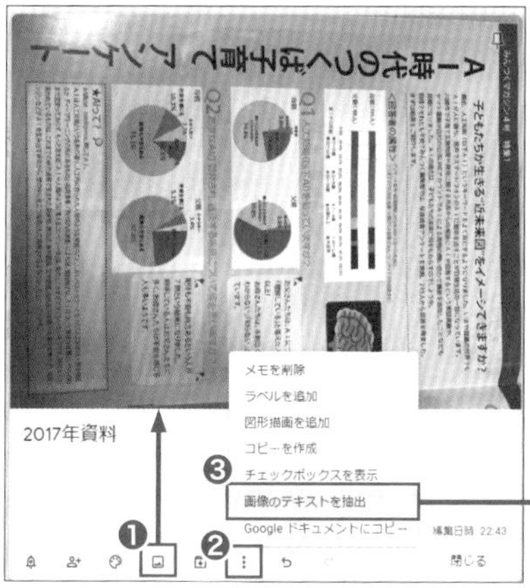

〖PCの場合〗

1. ドライブ に入れたテキスト化したい画像ファイルを右クリックします(❶)。
2. メモの [その他のアクション] をクリックし(❷)、[画像のテキストを抽出] をクリックします(❸)。

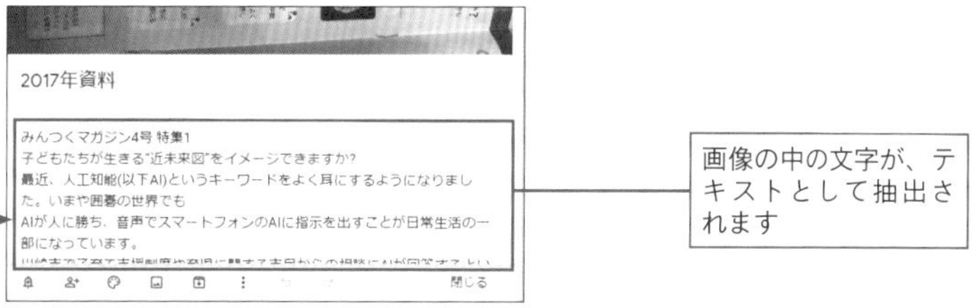

G Suite を使えば、これまで時間をかけていた文字起こし作業が、一瞬で終わります。

また、たくさんの書類をスキャンしたり、メモとして写真やスクリーンショットを撮影した場合、その中から読みたいところを探すのはとても大変ですが、テキスト化しておけば、検索で簡単に読みたい場所を見つけられます。

便利な機能を使って時短！ お試しください！

活用ポイント 13

Q&A

[マイドライブ]と[共有ドライブ]、[共有アイテム]の違いとは？

Google ドライブ について、まだ解説していない大事なポイントについてご紹介します。

なにしろ、ドライブ はバーチャル空間に存在するレンタル倉庫のようなものです。

目に見えない、さわれない上、言葉使いも独特で、なかなかイメージが湧かないと思います。

ドライブ の左側に表示されているメニューには、**[マイドライブ] [共有ドライブ]**、そして**[共有アイテム]**があります。使っているけど、一度も触ったことがない、というリンクもあるかもしれません。

[マイドライブ]とは

[マイドライブ] は、**ファイルを個人の権限レベルで管理**します。

G Suite で新しいファイルを作成すると、自動的に [マイドライブ] に保存されます。

[マイドライブ] に保存されたファイルは、基本的に**保存したアカウントの持ち主が「オーナー（所有者）」**となります。そのため、そのアカウントの持ち主が退職したり、異動したりしてアカウントを削除するような場合、そのアカウントで作成したファイルはすべて削除されてしまいます。

memo
もちろん別のアカウントに権限移譲をして、移行できます。

[共有ドライブ]とは

[共有ドライブ] は、**チーム単位でファイルを管理**できる場所のことです。学校、教科、プロジェクトなど、チームごとに作成することができます。

[共有ドライブ] に保存されたファイルは、自動的に**オーナー（所有者）が組織（チーム）**となります。そのため、最初にファイルを作成した人のアカウントが削除された場合でも、ファイルはそのまま残り続け、**ファイルを継続して共有管理**することができます。

組織としてずっと保管しておくべきファイルは、共有ドライブにアップロードまたは移動しておくと安心です。

memo
個人用の無料 Google アカウントはドライブの容量の上限が15GBですが、G Suite for Education なら無制限となります。

なお、**[共有ドライブ] は誰でも利用できるサービスではありません。**試しにあなた個人の Google アカウントをお持ちなら、ドライブを開いてみてください。左メニューには［共有ドライブ］は表示されていないはずです。

組織で利用する［共有ドライブ］のユーザー権限には5つあります。

管理者、コンテンツ管理者、投稿者、閲覧者（コメント可）、閲覧者です。

これは、［マイドライブ］より多く、組織で管理すべき権限は、ユーザーの所属、もしくは業務範囲によって分けることを推奨します。というのも、権限操作はデータの機密性・完全性を保持する上で重要な要素になるためです。ユーザーに権限を付与する場合は注意が必要です。

［共有アイテム］とは

最後に［共有アイテム］です。これは**「自分以外の誰かから共有されたファイル」が格納**されています。**共有されたファイルは、オーナーが共有を解除すると自動的に［共有アイテム］から表示が削除**されます。 オーナーがファイルの所有権を手放さないで済む仕組みなのです。

［共有ドライブ］、［共有アイテム］は、名前が似ていますが、一度覚えてしまえばもう安心、です。

活用ポイント 14

Google Classroom の ドライブ について

Q&A

Classroom と ドライブ は連携しています。

[授業] ページの上部に、[クラスのドライブフォルダ] というリンクが表示されています。このリンクをクリックすると、Classroom のクラスから出された課題の提出物がすべて格納されていることが確認できます。

この ドライブ フォルダは、教師とクラスに所属する児童生徒の ドライブ の **[Classroom] というフォルダの下にクラス名で自動作成され、提出されたファイルがすべて格納**されていきます。

課題を提出するたびに自動保存されますので、紛失する恐れもありません。ポートフォリオに蓄積する成果物としても活用できそうですね。

ところで、セキュリティは大丈夫なのだろうか？ と心配になるかもしれません。

課題や回答を児童生徒がそれぞれ勝手に共有して書き換えたりすることはないのだろうかと思いませんか？

ご安心ください。Classroom の ドライブ は、Google が「プライバシーの保護」について、特別に考慮しています。勝手に共有されることはありません。教師生徒間のやり取りについてはクローズ設定にされていて、**他からは閲覧も編集もできない**ようになっています。

児童生徒から提出のあったファイルは、特別なことがない限り**生徒自身と教師だけしかアクセスできません。**

生徒が課題に取り組んでいる間、教師は進行状況を確認してコメントを追加したり、ドキュメント を編集したりできます。

提出が完了してから返却されるまでは、課題の編集ができるのは教師だけで、児童生徒は編集ができません。

教師の各クラスのフォルダにはそのクラスのストリームなどで提示したファイルなどが保存され、[マイドライブ] とは、区別されています。

活用ポイント
15

Q&A

行事をスムーズに進行するために、複数のファイルを一元管理する方法は？

スプレッドシート を使う方法をおすすめします。文化祭や体育祭、プレゼンテーション発表会といった行事では、シナリオや音楽、スライドなど、たくさんのデータを管理しなければなりません。しかも、タイミングよく必要なデータを探せなければ、スムーズな進行ができませんね。**スプレッドシート でタイムテーブルのような進行表を作れば解決**です！

(1) 進行表を作成する

予定時間、タイトル、担当者、準備物など、進行する上でまとめておきたい情報を列で追加します。編集権限で共有しておけば、ほかの担当者と共同で作成できて時短に！

(2) 進行表にデータのリンクを入れる

プログラムの項目ごとに、そこで使用するデータのリンクを入れます。必要なデータは、共有ドライブ に入れておくか、共有をかけておきましょう。リンクから簡単にそのデータにたどりつけます。

(3) タブで追加

「1日目」「2日目」「配置図」「アンケート結果」など、タブを追加して入れれば、その行事に関するすべてのものを1つの スプレッドシート にまとめられます。

▼発表会の進行表を作成した例

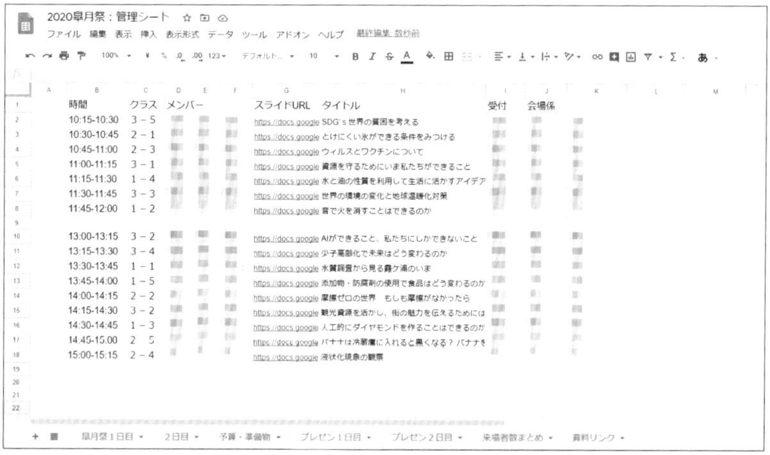

	時間	クラス	メンバー			スライドURL	タイトル	受付	会場係	
2	10:15-10:30	3 – 5				https://docs.google	SDG’s 世界の貧困を考える			
3	10:30-10:45	2 – 1				https://docs.google	とけにくい氷ができる条件をみつける			
4	10:45-11:00	2 – 3				https://docs.google	ウィルスとワクチンについて			
5	11:00-11:15	3 – 1				https://docs.google	資源を守るためにいま私たちができること			
6	11:15-11:30	1 – 4				https://docs.google	水と油の性質を利用して生活に活かすアイデア			
7	11:30-11:45	3 – 3				https://docs.google	世界の環境の変化と地球温暖化対策			
8	11:45-12:00	1 – 2				https://docs.google	音で火を消すことはできるのか			
9										
10	13:00-13:15	3 – 2				https://docs.google	AIができること、私たちにしかできないこと			
11	13:15-13:30	3 – 4				https://docs.google	少子高齢化で未来はどう変わるのか			
12	13:30-13:45	1 – 1				https://docs.google	水質調査から見る霞ケ浦のいま			
13	13:45-14:00	1 – 5				https://docs.google	添加物・防腐剤の使用で食品はどう変わるのか			
14	14:00-14:15	2 – 2				https://docs.google	摩擦ゼロの世界　もしも摩擦がなかったら			
15	14:15-14:30	3 – 2				https://docs.google	観光資源を活かし、街の魅力を伝えるためには			
16	14:30-14:45	1 – 3				https://docs.google	人工的にダイヤモンドを作ることはできるのか			
17	14:45-15:00	2　5				https://docs.google	バナナは冷蔵庫に入れると黒くなる？バナナを			
18	15:00-15:15	2 – 4				https://docs.google	液状化現象の観察			

紙で作成すると、ページに収まるようにしなければならず、書き込める情報の量が限られます。また、変更した箇所を、そのつど全員に伝える必要があります。

大勢の人が関わり、分担ごとに担当の場所で作業をする行事では、当日の変更を伝えることは難しいでしょう。最新の情報を全員に共有できるのも、この方法のメリットですね。

活用ポイント

16 他校の先生たちと情報交換したい

教育者のコミュニティ「Google 教育者グループ（GEG）」があります。世界各地にあり、日本にも次々と新しいグループができています。43のグループ（2020年12月現在）があるので、地元の先生方と、直接またはオンラインでつながることができます。

◉だれでも参加可能！

教職員、学校の運営者、学生など、教育での活用に関心を持っている人はだれでも参加可能！ ひとりでも、仲間を誘ってもOKです。

◉GEG リーダーが運営

各グループは、教育関係者でボランティアの「GEG リーダー」によって運営されています。それぞれイベントやセミナー、情報交換の場を設定しています。

◉オンラインでもオフラインでも参加は無料

グループをフォローして最新情報を受け取ったり、オンラインや地域で開催の GEG イベントに参加してメンバーと交流したりできます。GEG イベントはすべて無料です。

最新の情報は、「ようこそ！ Google 教育者 グループ 〜全国 GEG のナビゲーションサイト〜」でご確認ください。

https://sites.google.com/corp/view/geg-japan/home

活用ポイント **17**

自分のスキルを高めたい、スキルを証明したい

Google が個人を対象に発行する認定資格「**Google 教育者認定資格**」を取得してみませんか？

この認定資格を取得すれば、世界標準のサービス「Google for Education」を、授業や校務で活用するスキルがあることを世界に向けて証明できます。取得した本人は、各自の証明書とバッジを、ウェブサイト・履歴書・授業記録などの公的な場で使用することもできます。

参照
Teacher Center
https://teachercenter.withgoogle.com/certification

資格には2つのレベルがあります。

レベル 1

Google のツールを使用する方法の基礎を学んできた教育者向けの認定。
Google for Education を校務や授業の中で使っていくスキルがあることを証明できます。

レベル 2

Google のツールを使いこなす熟練のユーザーや、ツールを好んで使用している教育者向けの認定。
レベル1の知識に加えてより専門的で高度なテクノロジースキルを確認する試験内容になっています。

「Google 認定教育者」の認定を取得するには？

Google for Education トレーニングセンターで学習し、オンライン上の試験（有料）で合格する必要があります。試験は、Teacher Center の認定の各ページから申し込むことができます。（ドル支払い）

memo
レベル1・レベル2の受験票（バウチャー）は、イーディーエルでも購入することができます。（日本円支払い）
https://www.smart-education.jp/gks

【Google for Education トレーニングセンターで学ぶ】

Google for Education トレーニングセンターは、Google for Education が用意している無料のオンラインコンテンツです。解説、動画、アクティビティを通して、授業への取り入れ方やアプリの使用方法を学ぶことができます。トレーニングセンターでは、世界中の先生たちがどのように Google for Education を授業や校務に活用しているのか、豊富な事例とともに学ぶことが可能です。

【Google for Education 認定トレーナーやパートナーによるトレーニングを受ける】

対面またはオンラインで操作をしながら学ぶことができ、その場で自分の疑問を解決できます。複数の参加者がいるトレーニング（セミナー）では、Google for Education の最大の特徴である共有や同時編集、Classroom の実演など、実際の授業をイメージしながら体験することが可能です。

EDLのサービス

当社(イーディーエル株式会社、以下EDL)は、Google Cloud Partner Specialization 認定パートナーです。これは、国内2社のみが認定された、エデュケーションの分野において、技術的能力と実績を持つパートナーのことを指します。

EDLのトレーニングは、お忙しい先生方でも校務や授業で、すぐに活用できるように、さまざまな工夫を凝らしています。豊富なセミナー実施の経験をもとに、それぞれの立場や事情を理解しつつも、外部の人間だからこそできるベストなサポートを心がけています。人や学校の能力を引き出すエンパワメントに力を入れています。

Partner
Google Cloud
Education

Google Cloud
Partner

Google for Education 活用集中セミナー(GKS)　2日間　定期開催

Google 認定教育者レベル1・レベル2の合格対策ブートキャンプです。

Google for Education 活用をスピーディかつ効率よく学びたい方、授業や校務での活用の全体像をつかみたい方におすすめです。

1日目は、Google for Education を授業や校務でどう使えるか、演習で体験しながら、15種類のアプリの活用イメージをつかみます。2日目は、午前中に受験対策講座があります。午後は習得したスキルで認定教育者資格を受験できます。

学校・教育委員会単位での開催も可能です。

https://www.smart-education.jp/gks

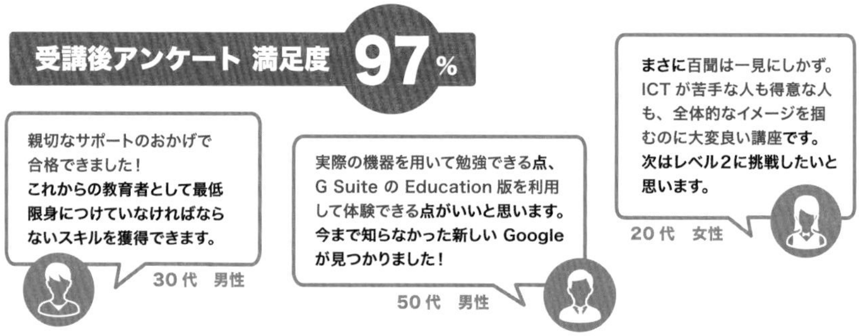

Google 式 10X スキルアップセミナー

動画とウェビナー(オンライン セミナー)で、「仕事の進め方」が変わる Google アプリの活用方法を学ぶ3か月集中のプログラムです。Google トレーニングのプロから、業務のモヤモヤを解決する最新の方法を効率よく学べます。

スキルアップの前に、まずは簡単なテストで自分のスキルをチェックしてみましょう！
　スキルアップセミナーの受講後は、このチェック項目がすべてクリアできるようになります！

無料スキルチェック

- **Google 式 10X スキルアップセミナー 特徴**

特徴1 短期集中

3ヶ月全9回のWEB講義で
プロ直伝の短期集中学習！
時間を効率的 に使えます！

特徴2 組合せ学習

リアルなWEB講義
いつでも見られる動画を
組合せ **理解度アップ** ！

　Google アプリの一歩進んだ使い方をマスターして、IT スキルを劇的向上！

　受講スタイルは、あなたのペースで学べる「パーソナルレッスン」、仲間と一緒に学べる「グループレッスン」から選択できます。

▼毎月開催の無料体験会はこちらから
https://www.smart-work.biz/10x-taiken

　すでに多くの先生方にもご参加いただいております。
　あなたも今すぐ始めてみませんか？

講師派遣

　お客様のレベルに合わせた単発・継続的な G Suites for Education のトレーニングを承っております。EDL の PD トレーナーが全国津々浦々に出張、またはオンラインで承ります！

　全職員に、G Suite・Chromebook の可能性に気づくきっかけを集合研修で創ります。

- **トランスフォーメーション研修**
- **管理者導入トレーニング**
- **活用実践トレーニング**
- **Google 認定教育者資格 取得対策セミナー**

　日数、使用するアプリなど、ご希望に応じたトレーニングをカスタマイズできます。
　そのほか、ドメイン取得をはじめとした、導入初期からのお手伝いと導入後の活用セミナー、G Suite for Education 講習会など、幅広くサポートする体制が整っております。
　トレーニングの詳細、開催情報、お見積り等は、EDL ウェブサイトよりお問い合わせください。

https://www.smart-education.jp/training

研修にご参加いただいた先生方のアンケートより

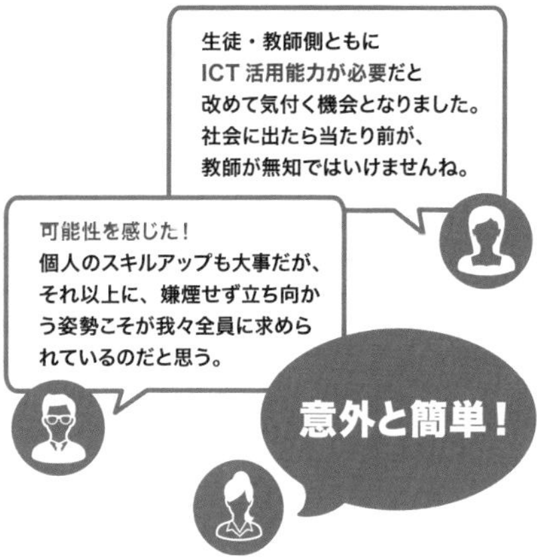

活用事例紹介 ⑤

普段からの活用で、休校中のオンライン利用もスムーズ 授業・校務・イベントもICTを使い、通常時と同様に

～使いやすいアプリを組み合わせ、自分に合う使い方を見つける

茨城県立並木中等教育学校（茨城県）http://www.namiki-cs.ibk.ed.jp/

■恵まれた環境を利用して、ICTの効果的活用を工夫し続ける

5年次主任
中島達也先生

2019年度に50台のChromebookを導入しました。Googleのアカウントは、入学時に県から全生徒に貸与されるため、それを使用しています。本校は、15年以上も前から各教室にプロジェクタとPCが導入されており、いまは体育館を含め校内のほとんどの場所でタブレットがつながる恵まれた環境です。その環境を利用して、ICTの効果的活用を工夫し、生徒の思考力、判断力、表現力等を育むことを目標として、さまざまなICT教育を行っています。

Googleのアカウントは、入学時に全生徒に貸与される

■活動の内容によって共有の方法や使うアプリを選択

私は、以前から授業の進度を補う形で動画を配信してきました。昨年度からは、反転授業の形式に変え、予習段階で自分の授業を撮影した動画を生徒に見てもらい、それを対面授業にフィードバックして、より深められるようにしています。動画を見たあとの理解度や質問・疑問点を フォーム で回収するため、YouTubeの概要欄には フォーム のリンクを載せています。対面授業のときに、それをスプレッドシート にまとめたものを生徒に提示して、授業を展開しています。**ICTの活用によって、授業が格段にスムーズに**なりました。

■休校中も対面授業のときと変わらない授業が可能に

動画を見て、質問等を フォーム に入力するやり方は、休校中にも継続しました。**ICTの活用を推進してきたため、比較的スムーズに家庭でのオンライン学習も実施**できました。

あわせて、双方向のオンライン授業も行いました。Google Meet や YouTube ライブ を使ったリアルタイムの授業です。私が生徒作成の スライド を画面に映し、自宅にいる生徒に解説をしてもらいました。生徒は チャット でリアルタイムに質問ができます。音声だと発表を遮ってしまうため、チャット を使いました。場面によっては Google Meet を併用し、直接会話もできます。結果、対面のときと同等の授業展開ができました。

休校中、Google Meet は、授業以外でも使いまし

休校中の朝のショートホームルームの様子

オンライン進路講演会の様子

た。教員同士の会議や、生徒との面談、朝のショートホームルームなど、離れていても、顔が見える状態でやり取りできたというのはとても良かったです。例年行っている卒業生による進路講演会も、YouTube と Google Meet を使ったライブ講演会となりましたが、在校生は通話や チャット で質問もでき、大きな問題なく開催できました。やはり**普段から使っているということが大きなアドバンテージ**だったと感じます。

■Google フォーム を使い、教員同士の情報共有がラクに。手間が大幅に省け、時短に!

G Suite を活用することで、教員間での情報共有が進みました。面談する際、Chromebook を持参し、面談のなかで生徒と話した内容をその場で フォーム に入力していきます。その情報は、スプレッドシート に蓄積されていくので、初めて面談をする場合でも、事前にその生徒についての情報を得ることができ、本当に重宝しています。

フォーム は、配付や集計の手間や時間を大幅に省くことができ、とても便利です。これまで**紙で実施していたアンケート類は、いまではほとんど Google フォーム を使用**するようになり、**集計はもちろん、印刷の手間が省ける**ようになりました。

電話で受けていた生徒の欠席連絡も、フォームからの連絡に変えることで、業務削減につながっていると感じます。

生徒が記入する学習時間や生活の様子などは、これまで手帳で管理していたものを フォーム の入力にしました。入力してもらう一方向的な使い方ではなく、自由記述欄を設け、それに対して返信することでコミュニケーションツールになっています。

■保護者もICT導入のメリットを感じる機会を

各家庭によってICTについての捉え方はさまざまですので、当然理解にも差があると感じています。当初は「ICTを使うことで、勉強の妨げになるので

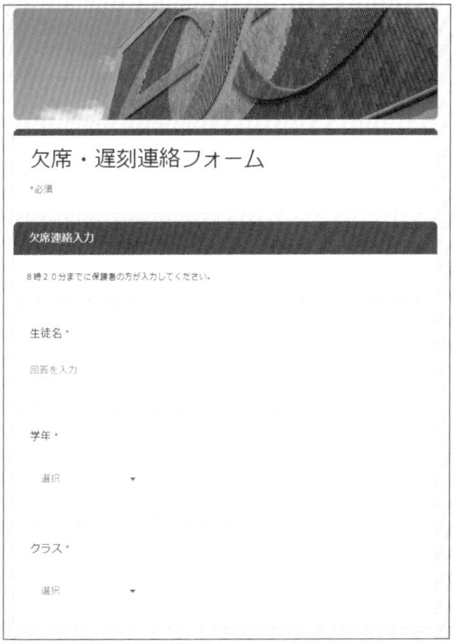

欠席・遅刻連絡フォーム

*必須

欠席連絡入力

8時２０分までに保護者の方が入力してください。

生徒名*

回答を入力

学年*

選択

クラス*

選択

電話で受けていた欠席・遅刻連絡も、フォームからの連絡に

はないか」といった心配の声もありました。現在は有用性も伝わり、理解していただいています。**実際に便利さや良さを知っていただくことが、何よりも理解につながる**と思います。

たとえば昨年夏の語学研修では、Google フォト™を使って写真の共有をしました。以前は、ホームステイ中の生徒の様子は日本にいる保護者はもちろん、引率教員ですらなかなか把握できない部分でした。**Google フォト で共有することで、離れていても活動の様子をすぐに見られる**ようになりました。この取り組みは大変好評で、保護者の方にも直接的にICT導入のメリットを実感していただけたと思います。

■「面白そうだな」と思ったものをどんどん取り入れていく

私は、ICTに関してそれほど特別な知識や技術があるわけではないのですが、「これを使ったら面白そうだな」「授業に活かせそうだな」というものはどんどん取り入れようと常に意識しています。

公立の学校は予算が決まっているため、コストのかかるものをすぐに導入することは難しいということもあり、アプリなどは無料で使えるものを工夫しながら使っています。費用が発生すると、どうしても費用対効果を考えなくてはならず、負担者への説明責任が生じ、導入後は「使わなければならない」と、使うこと自体が目的になってしまいかねません。無料のものでも、使いやすいものを見つけ、併用して工夫すると、自分に合う使い方を見つけられることもあります。

ICTは、使うことが目的ではなく、目的を達成するためのツールです。**アンテナを高くして、面白そうな「材料」を見つけ、授業に活かすとよい**のではないでしょうか。**使っていくことで、自然と必要なスキルは身についていく**と思います。

詳しい先生はいくらでもいらっしゃいます。そういう方に教えを請いながら、自分なりの活用を見つけていくのがよいのかもしれません。

活用へのヒント　授業以外でも Google フォーム は大活躍。活用は無限大!

並木中等教育学校でも、いろいろな場面で活用されていたGoogle フォーム。使ってみて便利さを実感できる G Suite のナンバーワンかもしれません。多くの先生から驚きの声が届きます。

授業以外でも Google フォーム は大活躍します。

プールカードに、Google フォーム を使って保護者からも好評だったという先生や、授業参観や学校評価などの保護者アンケートなどに使っている学校の話も聞きます。休校中は、児童生徒の体調管理用に使っていた学校も多いようです。

紙の場合とは違い、保護者は自分のタイミングで記入でき、教職員は管理がラクで、児童生徒は用紙をなくす心配がなく……メリットはたくさん!

作った フォーム は、紙で読みやすいように整形された状態でプリントアウトができるようになっています。スマホやPCを使えない保護者がいた場合も、印刷用を改めて作る必要はありません。

ちなみに、生徒へのアンケートを実施したとき、それまであまり書いてもらえなかった自由記述のコメントが、フォーム を使うようになってから多くなっているという例もありました。

どんな目的で、何をアンケート項目にしていくかが重要ですが、Google フォーム の活用は無限大! ぜひいろいろな場面で使用し、その絶大な効果を実感してみてください。

Google フォーム を使ったプールカードは保護者からも好評

ダウンロードサービスのご案内

本書に掲載した教材サンプルは、EDLのサイトよりダウンロードできます。

ファイルはすべてオーナー権限をお渡しできるファイルの「コピーリンク」で共有しますので、ご自身のアカウントで自由に編集できます。

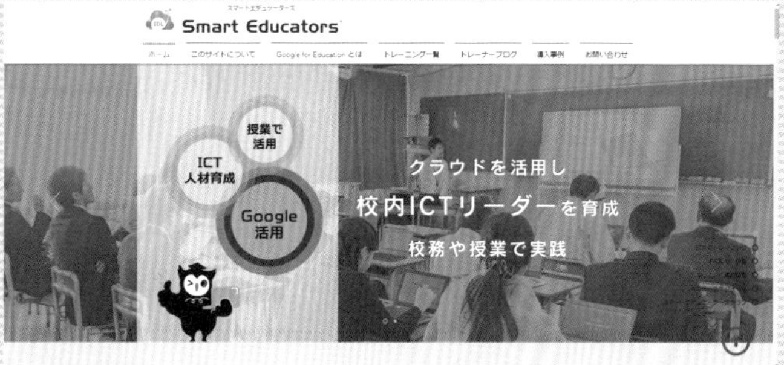

https://www.edl.co.jp/

EDL　グーグル活用

p.28掲載『デジタル・シティズンシップ -20210129』（スライド）

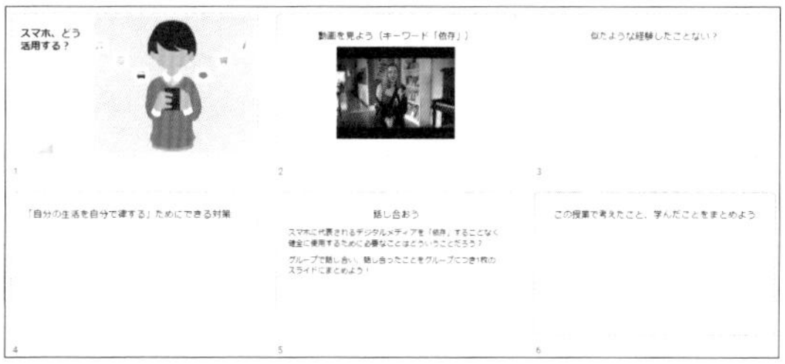

デジタル・シティズンシップについて、動画を導入として考えていく授業で使えるスライド。

スライド内には、本書でも紹介した8年生（中学2年生）対象の「デジタルメディアとあなたの頭脳」の動画も挿入されています。スマホに代表されるデジタルメディアを、「依存」することなく健全に使用するために必要なことを考える授業で使える教材です。

また、動画一覧の スプレッドシート へのリンクも提供します。

p.38掲載『発表用スライド _20210129』（スライド）

グループで話し合った結果をまとめるための発表用 スライド です。このサンプルのように表紙だけ準備しておき、児童生徒は、このスライドに自分たちで「グループ発表用」のページを追加していきます。

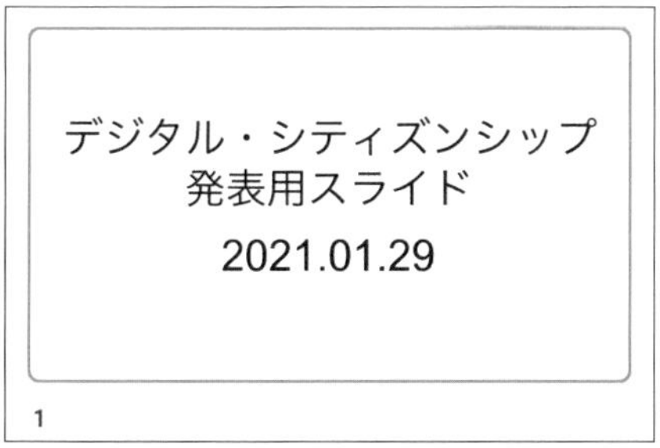

p.39掲載『相互評価 _20210129)』（フォーム）

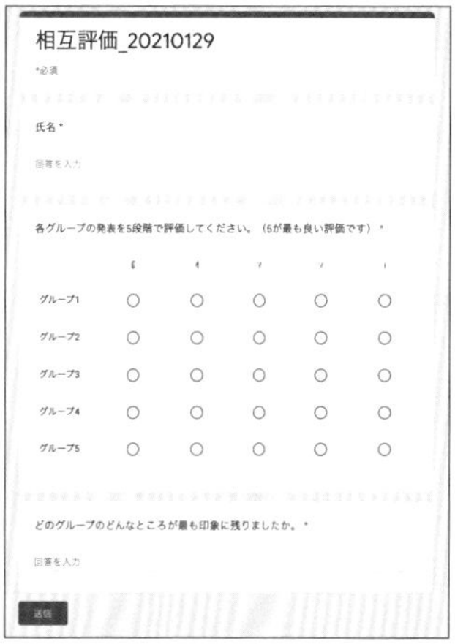

グループの発表を聞いて、児童生徒が相互の評価を入力するためのフォームです。

タイトル、説明等を活動の内容に合わせて編集すれば、いろいろな発表の場面で活用できます。

p.88掲載 MMTS『災害時の避難所について考える』（ドキュメント）

ドキュメント を使った「MMTS(Multi-Media Text Sets)」のサンプルです。

左側の列には「知識」や「活動」の指示、右の列には児童生徒が自分で回答を書き込めるようになっています。

活動に必要なリンク（今回のサンプルでは、動画、Google Scholar、スライド 等）を埋め込んでいるので、配付された児童生徒は自分のペースで取り組むことができます。

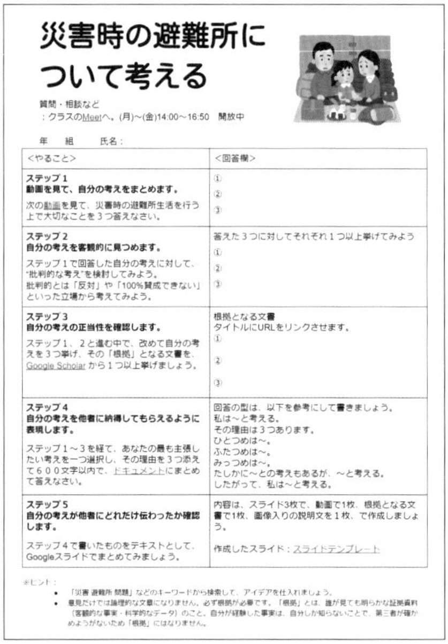

災害時の避難所について考える

質問・相談など
：クラスのMeetへ。(月)～(金)14:00～16:50　開放中

年　組　氏名：

<やること>	<回答欄>
ステップ1 **動画を見て、自分の考えをまとめます。** 次の動画を見て、災害時の避難所生活を行う上で大切なことを3つ答えなさい。	① ② ③
ステップ2 **自分の考えを客観的に見つめます。** ステップ1で回答した自分の考えに対して、"批判的な考え"を検討してみよう。 批判的とは「反対」や「100%賛成できない」といった立場から考えてみよう。	答えた3つに対してそれぞれ1つ以上挙げてみよう ① ② ③
ステップ3 **自分の考えの正当性を確認します。** ステップ1、2と進む中で、改めて自分の考えを3つ挙げ、その「根拠」となる文書を、Google Scholar から1つ以上挙げましょう。	根拠となる文書 タイトルにURLをリンクさせます。 ① ② ③
ステップ4 **自分の考えを他者に納得してもらえるように表現します。** ステップ1～3を経て、あなたの最も主張したい考えを一つ選択し、その理由を3つ添えて600文字以内で、ドキュメントにまとめて答えなさい。	回答の型は、以下を参考にして書きましょう。 私は～と考える。 その理由は3つあります。 ひとつめは～。 ふたつめは～。 みっつめは～。 たしかに～との考えもあるが、～と考える。 したがって、私は～と考える。
ステップ5 **自分の考えが他者にどれだけ伝わったか確認します。** ステップ4で書いたものをテキストとして、Googleスライドでまとめてみましょう。	内容は、スライド3枚で、動画で1枚、根拠となる文書で1枚、画像入りの説明文を1枚、で作成しましょう。 作成したスライド：スライドテンプレート

※ヒント：
- 「災害 避難所 問題」などのキーワードから検索して、アイデアを仕入れましょう。
- 意見だけでは論理的な文章になりません。必ず根拠が必要です。「根拠」とは、誰が見ても明らかな証拠資料（客観的な事実・科学的なデータ）のこと。自分が経験した事実は、自分しか知らないことで、第三者が確かめようがないため「根拠」にはなりません。

・MMTS　ステップ4 レポート ひな形（ドキュメント）
・MMTS　ステップ5 スライド ひな形（スライド）

MMTS『災害時の避難所について考える』の中にある活動（ステップ4・5）で使用する資料のサンプルです。

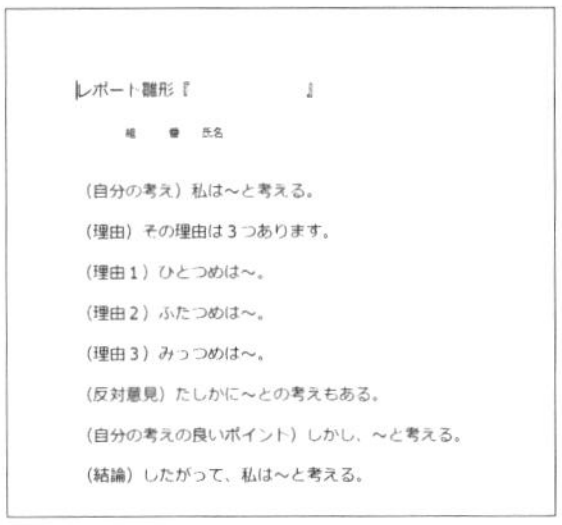

レポート雛形『　　　　』

組　番　氏名

（自分の考え）私は～と考える。

（理由）その理由は3つあります。

（理由1）ひとつめは～。

（理由2）ふたつめは～。

（理由3）みっつめは～。

（反対意見）たしかに～との考えもある。

（自分の考えの良いポイント）しかし、～と考える。

（結論）したがって、私は～と考える。

p.172掲載 Google for Education Bett ツアー2020 レポート（スライド）

2020年1月、Google for Education が主催した「Bett and Europe Tour（Bett および欧州学校視察ツアー）」のレポートです。代表の平塚が参加し、視察したフィンランド、オランダ、イギリスの小学校・中学校について34枚にまとめました。スライドを閲覧権限で共有します。

こちらのサイトで、最新の事例や各トレーニングのご案内等もご覧になれます。

https://www.smart-education.jp/

索　引

◆◆執筆者プロフィール◆◆

平塚 知真子（ひらつか ちまこ）
EDL代表取締役。早稲田大学第一文学部（教育学）、筑波大学大学院修士課程教育研究科学校教育コース修了。教育学修士。Google 認定トレーナー。国立情報学研究所 新井紀子研究室に勤務（2003～06年）後、EDLを創業。組織で効果的にクラウドを活用し、教育の情報化を草の根で推進するスペシャリスト。

井上 勝（いのうえ まさる）
EDLアドバイザリーボード。筑波大学卒業後、八千代松陰中学校・高等学校に数学科教諭として奉職。2003年度からは情報科を担当。教育情報部主任、教務部長、教頭、副校長を歴任。2015年より Google for Education の導入・管理運用を統括。2020年4月よりEDLに参画。

青山 司（あおやま つかさ）
EDLトレーナーチームチーフ。Google for Education PD（専門的能力開発）トレーナー。一般社団法人 ICT能力開発協会 理事・名誉講師。1995年から大手パソコン教室FC本部教育部長を経て、ICT教育に携わり25年、ICTの資格制度開発を中心に日本全国5千名を超えるICT講師を育成。

島袋 海（しまぶくろ かい）
EDLトレーナーチームマネージャー。Google for Education PD トレーナー。琉球大学工学部理工学研究科修士課程修了（学長賞受賞）。日立製作所にてエンジニアとして活躍後、2014年独立。中小企業庁のミラサポ専門家。2016年より現職。G Suite トレーニングを全国津々浦々提供。

真鍋 博美（まなべ ひろみ）
Google for Education 最新事例を紹介する『Smart Educators' 通信』（季刊）編集長。大学で保育士資格、幼稚園教諭一種・小学校教諭一種免許状を取得。卒業後は保育士として活躍。2018年より現職。これまで50人以上の教育関係者に G Suite for Education 活用事例を取材。

イーディーエル株式会社

2006年9月創業。2017年 Google for Education トレーニングパートナーに認定され、Google 認定教育者の認定資格の取り扱いとトレーニングの提供を開始。2日間の「Google for Education 活用集中セミナー」は、2020年8月末までに累計845人の Google 認定教育者を輩出。2019年にGoogle Cloud™ パートナー スペシャライゼーションEducation分野を取得。同年、株式会社エデュケーションデザインラボ（旧社名）より、イーディーエル株式会社に改名。創業時より国立情報学研究所が開発・提供する学校ホームページ作成支援ソフトウェアNetCommons（現edumap）の初期画面構築、運用、SaaS保守をワンストップで提供。教育の情報化推進を継続支援している。またデジタル採点や「ロボットは東大に入れるかプロジェクト」におけるリーディングスキルテストの問題作成を請け負うなどテレワーカーを組織化した業務委託スマートワークビズ®事業を行う。

Education Design Lab
EDL イーディーエル株式会社

カバーデザイン◆ SONICBANG CO.,
カバー・本文イラスト◆高島 真由子
本文デザイン・DTP◆田中 望
編集担当◆熊谷 裕美子

今《いま》すぐ使《つか》える!
Google《ぐーぐる》 for《ふぉー》 Education《えでゅけーしょん》
授業《じゅぎょう》・校務《こうむ》で使《つか》える活用《かつよう》のコツと実践《じっせん》ガイド

2020年 10月17日 初 版 第1刷発行
2022年 5月31日 初 版 第7刷発行

著 者 イーディーエル株式会社《かぶしきがいしゃ》
発行者 片岡 巌
発行所 株式会社技術評論社
東京都新宿区市谷左内町 21-13
電話 03-3513-6150 販売促進部
03-3513-6166 書籍編集部
印刷／製本 図書印刷株式会社

定価はカバーに表示してあります。

ISBN978-4-297-11680-4 C3055

Printed in Japan

■問い合わせについて

本書に関するご質問については、本書に記載されている内容に関するもののみとさせていただきます。本書の内容と関係のないご質問につきましては、一切お答えできませんので、あらかじめご了承ください。また、電話でのご質問は受け付けておりませんので、FAX か書面にて下記までお送りください。弊社の Web サイトでも質問用フォームを用意しておりますのでご利用ください。

なお、ご質問の際には、書名と該当ページ、返信先を明記してくださいますよう、お願いいたします。

お送りいただいたご質問には、できる限り迅速にお答えできるよう努力いたしておりますが、場合によってはお答えするまでに時間がかかることがあります。また、回答の期日をご指定なさっても、ご希望にお応えできるとは限りません。あらかじめご了承くださいますよう、お願いいたします。

■問い合わせ先

〒162-0846
東京都新宿区市谷左内町 21-13
株式会社技術評論社 書籍編集部
「今すぐ使える！ Google for Education」係
FAX 番号 ：03-3513-6183
技術評論社 Web：https://gihyo.jp/book